LE

PARFAIT CHARRON

Propriété de l'Auteur.

(187.) — Dijon, imp. J.-E. Rabutôt, place Saint-Jean, 1 et 3.

LE
PARFAIT CHARRON

OU

TRAITÉ COMPLET

des Ouvrages faits en Charronnage et Ferrure,

CONCERNANT TOUT CE QUI EST RELATIF

A l'Agriculture :

Charrues simples et compliquées, Semoirs mécaniques, Herses; Voitures de campagne
et de moulins, simples et à ressorts, etc.;

Au Commerce :

Voitures de roulage, telles que Guimbardes, Camions de marchands
de vins, tonneliers et brasseurs;

Aux Arts :

Diables de maçons, Tombereaux, Brouettes, Trains-de-Balles
de charpentiers, etc.;

Carrioles simples et à ressorts, Voitures d'enfants;

Harnais d'agriculture et de commerce;

COMPOSÉ, DESSINÉ ET GRAVÉ SUR DES MODÈLES EXISTANTS,

PAR LOUIS BERTHAUX,

Elève de l'Ecole des Beaux-Arts de Dijon,

auteur du *Parfait Serrurier.*

DIJON,

CHEZ L'AUTEUR, GRAVEUR-ÉDITEUR.

PARIS,

MM. RORET, Libraire, rue Hautefeuille, 12;

MAGNIN, BLANCHARD et Cie, rue Honoré-Chevalier, 3.

1863.

INTRODUCTION.

L'auteur du *Parfait Serrurier* ayant reçu de ses correspondants de divers points de la France, des demandes instantes et souvent réitérées, relative-ment à un ouvrage concernant le Charron-Ferreur, il s'est enfin décidé à se mettre à l'œuvre. Les prati-ciens dans cette partie lui ont fait observer, en effet, qu'il n'existe sur cet art que des dessins isolés pour la voiture de luxe, composés à Paris, il est vrai, mais souvent sans coupes, sans détails ni texte expli-catif. Les dessins et plans des voitures d'agriculture et de commerce ont peu ou n'ont point attiré jus-qu'ici l'attention des dessinateurs. S'il existe quel-ques ouvrages qui traitent de cette partie, ce sont des ouvrages très volumineux, incompréhensibles pour la majorité des ouvriers, dont l'exactitude est souvent douteuse, et dont le prix est trop élevé pour

leur permettre de prendre place ailleurs que dans
les bibliothèques des riches amateurs. Aidé des con-
seils des hommes experts dans cette partie, l'auteur
du présent ouvrage n'a rien négligé pour le rendre
propre au but qu'il s'est proposé. Il a choisi un for-
mat portatif, convenable à tous ; ses dessins sont
faits exactement sur des modèles fabriqués ; il y a
joint les coupes, les échelles de réduction et un texte
explicatif ; l'ensemble en est clair, précis, succinct.
Il a choisi toute espèce de voitures susceptibles d'être
fabriquées : l'agriculture, le commerce, les arts, la
voiture de luxe, ce qui concerne le bourrelier, etc.
Toute peronne qui professe ces diverses parties
trouvera sûrement et exactement tous les plans qui
lui sont nécessaires. L'auteur, qui n'a eu qu'à se
louer du favorable accueil dont le *Parfait Serrurier*
a été honoré par toute la France et à l'étranger,
espère que ce nouvel ouvrage obtiendra le même
succès que celui qui l'a précédé.

LE
PARFAIT CHARRON.

EXPLICATION DES PLANCHES.

PLANCHE PREMIÈRE.

N° 1, tarrière. — 2, graissoir. — 3, herminette, — 4, hache à planche. — 5, chevalet. — 6, chantier à percer les jantes. — 7, aviron. — 8, vis à fixer la plumette. — 9, plumette. — 10, hache-roues. — 11, hache à main. — 12, enrayoir. — 13, vidoir. — 14, selle à joindre. — 15, chantier à percer les moyeux. — 16, grand cabris. — 17, petit cabris.

PLANCHE 2.

N° 1. Bascule à colonne pouvant se poser au milieu d'un établi rond. Au moyen de son mouvement circulaire, on peut l'amener au-dessus de plusieurs étaux placés en différents endroits de cet établi.

N° 2, bascule ordinaire ornée d'une grecque.

PLANCHE 3.

Bascule plus riche. Le conducteur glissant au mouvement de la mêche.

PLANCHE 4.

Filière double. On en fait de toute dimension. Les coussinets et les tarauds doivent être en acier.

PLANCHE 5.

Tour portatif pouvant s'adapter à un étau.

PLANCHE 6.

Cric vu de face. Les crics étant d'une utilité indispensable pour soulever de grands fardeaux, j'ai cru devoir donner une planche détaillée de cette machine, pour la facilité des personnes qui voudraient en construire, et qui ne sont pas à portée d'en avoir sous les yeux *(planches 6 et 7)*.

Le pignon A est un arbre en fer, sortant par une de ses extrémités du coffre qui renferme le mécanisme ; il reçoit à cette extrémité une manivelle, dont on se sert pour mettre en mouvement les différents

rouages qui composent le cric. A l'extrémité oppo-
sée de cet arbre, se trouvent quatre fortes dents entaillées dans le massif. Elles s'engrènent dans celles
de la roue B appelée roue de rencontre, dont le pignon C porte également quatre dents entaillées dans
le massif. Ce pignon C s'engrène à son tour dans les
dents de la roue D, qui porte aussi un pignon de
quatre dents entaillées dans le massif. Ce pignon s'engrène, comme les autres, dans les dents de l'arbre E,
de sorte qu'en tournant la manivelle de l'un ou de
l'autre côté, on imprime aux rouages un mouvement
de rotation, qui fait monter ou descendre l'arbre.

La figure F représente le dessus de l'arbre E; la
figure G en représente le bas.

PLANCHE 7.

Elle représente le cric vu sur champ. Les pièces
toutes piquées, avec le nom de chaque pièce.

PLANCHE 8.

Figure 1. Clef anglaise. — 2, clef à coulisse beaucoup moins façonnée, et pouvant remplir le même
but, en serrant et desserrant à volonté.

PLANCHE 9.

Charrue. Figure 1, plan d'élévation. — 2, plan
par terre.

N° 1, le soc. — 2, le sept. — 3, l'étançon. —
4, les manches. — 5, l'âge ou l'arbre. — 6, le versoir. — 7, le coutre. — 8, la crémaillère, servant à
faire descendre plus ou moins le soc en terre. —

*

9, chaîne de tirage. — 10, porte-guides. — 11, chargeoir. — 12, porte-palonniers. — 13, glissant où passe le soc de mise en œuvre, serré à volonté par la vis de pression. — 14, essieu. — 15, palonnier. — 16, gendarme.

PLANCHE 10.

Pièces détachées de la charrue, planche 9.

N° 1, ferrure du sept. — 2, curette. — 3, écrou. — 4, palonniers à deux chevaux de front. — 5, palonniers à trois chevaux de front. — 6, cercle de mise en œuvre. — 7, vis de pression pour le cercle de mise en œuvre. — 8, porte-guides. — 9, chargeoir. — 10, roues. — 11, chaîne servant à maintenir l'âge de la charrue. — 12, support de la sellette vu sur champ et par côté. — 13, porte-palonniers vu sur champ et par côté. — 14, porte-guides se démontant à volonté au moyen d'un taraudage. — 15, porte-curette se plaçant dans l'âge. — 16, écrous à oreilles servant à serrer le gendarme. — 17, coutre. — 18, cheville pour arrêter la sellette à volonté.

PLANCHE 11.

Autre charrue. Figure 1, plan d'élévation. — 2, plan par terre.

N° 1, le soc. — 2, le sept. — 3, l'étançon. — 4, les manches. — 5, l'âge ou arbre. — 6, le versoir. — 7, le coutre. — 8, la curette. — 9, chaîne de tirage. — 10, porte-palonniers traversant la sellette et s'accrochant à la chaîne de tirage. Au moyen des trous figurés dans l'âge, on fait descendre plus ou moins le soc en terre.

PLANCHE 12.

Pièces détachées de la charrue, planche 11.

PLANCHE 13.

Charrue à semoir de Thevenin. Plan d'élévation. N° 1, soc. — 2, sept. — 3, étançon. — 4, manches. — 5, âge. — 6, versoir. — 7, coutre. — 8, curette. — 9, chaîne de tirage. — 10, porte-palonniers en fer. — 11, semoir. — 12, grand engrenage commandeur, se plaçant sur le moyeu de la roue et fonctionnant avec elle, commandant un pignon dont l'arbre est supporté par une colonne fixée au charriot. L'autre bout de cet arbre commande un tambour auquel sont fixées trois puisettes, qui jettent la graine dans le conducteur. — 13, conducteur des graines. — 14, mécanique s'ajustant sur l'essieu, et servant à allonger la chaîne de tirage n° 9.

PLANCHE 14.

Semoir mécanique inventé par Thevenin, semant et divisant toute espèce de graines, à la quantité et à la distance voulues, soit en rayons, soit à la volée. Plan par terre. N° 3, étançon. — 4, manches. — 5, âge. — 6, versoir. — 7, coutre. — 8, porte-curette. — 9, palonnier. — 10, porte-palonniers en fer. — 11, semoir. — 12, grand engrenage commandeur. — 13, conducteur des graines. — 14, glissant ajusté à douille au bout de l'âge, servant à donner la mise en œuvre. — 15, bout de l'âge auquel s'ajuste le glissant.

PLANCHE 15.

Charrue Thevenin. Plan d'élévation vu de der-rière. Figure 1. N° 2, bâti du glissoir mu avec en-grenage en dessous. — 3, conducteur où glisse le bâti n° 2. — 4, glissant du n° 14 de la planche pré-cédente. — 5, vis faisant mouvoir le porte-glissant n° 4, pour mettre à l'œuvre. — 6, colonne portant l'arbre du pignon. — 7, arbre portant un tambour auquel sont fixées trois puisettes, dans l'intérieur du semoir. — 8, semoir. — 9, couvercle du semoir. — 10, vue intérieure du conducteur du semoir, dont l'intérieur est garni de pointes qui divisent les graines, pour qu'elles ne tombent pas en bloc. — 11, modification du chariot n° 3, pour éviter l'en-grenage ; il est arrêté par une vis portant sa mani-velle et placée au-dessous de l'essieu. — 12, vis semblable à celle du n° 14 de la planche 13. — 13, écrou à coulisse de la vis n° 12, se plaçant dans le chariot n° 3, et portant la chaîne de tirage figurée au n° 2 de la planche 13.

PLANCHE 15 bis (2 planches).

Charrue à levier par Albert.

Planche 1re. Figure 1, élévation latérale et prin-cipale. — 2, plan par terre.

Cette charrue est mise en œuvre sans aide ; le conducteur suffit seul pour faire opérer la machine.

Nota. La description de la 1re planche suffit, les diverses parties étant cotées aux mêmes numéros dans les deux planches.

N° 1, le soc. — 2, le sept. — 3, étançon. — 4, manche. — 5, âge. — 6, versoir. — 7, coutre. — 8, conducteur pour la pression du soc et la mise en œuvre. — 9, chaîne de tirage. — 10, porte-palonniers. — 11, palonnier. — 12, vis servant à la pression du soc, pour le faire entrer en terre à volonté. — 13, chaîne recevant la broche, pour la facilité de la mise en œuvre. — 14, vis de pression pour faciliter le tirage. — 15, sellette où passe l'âge. — 16, essieu brisé à charnière pour mettre le soc aplomb, par le moyen de la vis de pression 17.

PLANCHE 16.

Scarificateur Dombasle. Plan par terre.

N° 1, l'âge. — 2, bâti. — 3, manches. — 4, dents. — 5, avant-train portant son palonnier. — 6, guide des essieux de derrière pour faire monter et descendre le bâti en terre. — 7, essieu de derrière. — 8, pièce en fer de l'avant-train pour faire monter ou descendre le bâti en terre.

PLANCHE 17.

Scarificateur Dombasle. Plan d'élévation.

N° 1, l'âge. — 2, bâti. — 3, manches. — 4, dents. — 5, avant-train. — 6, conducteur servant à faire avancer ou reculer le bâti des roues de devant, au moyen d'une vis mue par une manivelle placée directement au bout. — 7, chaîne de tirage. — 8, guide où passe le cercle de mise en œuvre. — 9, cercle de mise en œuvre garni de ses trous, où passe la broche n° 10. — 10, broche du cercle de mise en œuvre. — 11, porte-palonniers vu sur champ et de face. — 12, conducteur vu de champ et de face. — 13, pitons où passe le guide. — 14, crochet de la chaîne du tirage, vu de face et de champ. — 15, guide en fer garni de trous pour mettre la broche servant à monter et à descendre le bâti à volonté. — 16, essieux passant dans la pièce n° 15.

PLANCHE 18.

N° 1, rouleau creux en fonte vu en plan. — 2, plan d'élévation. — 3, essieu traversant le rouleau, fixé par des écrous à ses deux extrémités. — 4, bâti en bois portant la limonière. — 5, roue en fonte ajustée au bout du rouleau. — 6, échantignolle en fer. — 7, bride en fer fixée à l'échantignolle par deux écrous. — 8, boîte en cuivre entrant dans la bride n° 7, et au milieu de laquelle passe l'essieu n° 3.

PLANCHE 19.

Semoir Dombasle. Figure 1, plan d'élévation. — 2, plan par terre.

N° 1, manches du semoir. — 2, pieds. — 3, entonnoir où passe la graine. — 4, semoir. — 5, crochet à ressort pour fermer la porte du semoir. — 6, coffre recevant la graine prise par les puisettes, qui la jettent dans l'entonnoir. — 7, poulie mue par une chaîne dont le commandeur est la roue à laquelle est fixée une autre poulie n° 8. — 9, porte à coulisse, se plaçant derrière la caisse du semoir n° 9 (bis,) ne laissant passer que la graine nécessaire aux puisettes. On peut la lever et la baisser à volonté. — 10, coupe et plan du coffre n° 6. — 11, arbre en fer portant le tambour des puisettes et la poulie n° 7. — 12, coussinets de l'arbre n° 8. — 13, décrottoir de la roue.

PLANCHE 20.

Semoir Dombasle. Pièces détachées.
N° 1, roue portant la poulie n° 8 de la planche précédente. — 2, plan du décrottoir n° 13 de la planche précédente. — 3, arbre en fer désigné à la planche précédente sous le n° 11. — 4, entonnoir n° 3 de la planche précédente. — 5, tambour vu plus en grand et portant ses puisettes. — 6, puisette vue de champ et de face. — 7, clavettes doubles pour fixer les puisettes au tambour. — 8, mortaises placées sur le tambour de manière à ne mettre que quatre puisettes au lieu de six. — 9, coussinet à charnière pour l'arbre n° 11 de la planche 19. — 10, bâti du semoir. — 11, charnière de la porte du semoir.

PLANCHE 21.

Herses. N° 1, herse vue les dents en dessus et appuyée sur les deux traverses qui servent à la conduire. (Voyez le profil de ces traverses au n° 4.) —

2, la même herse vue les dents en dessous, dans sa position du travail. — 3, chaîne de tirage avec son palonnier. — 4, profil de la herse. — 5, dent munie de son écrou. — 6, autre modèle de herse. — 7, profil de la herse n° 6.

PLANCHE 22.

Tombereau n° 1. Figure 1, plan d'élévation. — 2, plan par terre. — 3, élévation latérale sur la ligne a, b. — 4, plan d'élévation sur la ligne c, d. — 5, ferrure pour le maintien de la traverse. — 6, traverse d'arrêt faisant décrire la portion du cercle figurée par la ligne pointée e. Par ce moyen, les deux bouts f, g, du tombereau se trouvent avoir leur échappée, et laissent la liberté de le décharger.

PLANCHE 23.

Voiture à moisson. Figure 1, plan d'élévation. — 2, plan par terre.

Brouette. Figure 3, plan d'élévation. — 4, plan par terre.

PLANCHE 24.

Tombereau n° 2. Figure 1, plan d'élévation. — 2, plan par terre. — 3, coupe sur la ligne a, b.

PLANCHE 25.

Voiture à pierres. Figure 1, plan d'élévation. — 2, plan par terre. — 3, coupe sur la ligne a, b. — 4, coupe sur la ligne *c, d.* — 5, rouleau servant à approcher des roues la mécanique n° 6. — 7, lattes fixées sur les épares par des clous à vis ; elles doivent être arrêtées très-solidement, et faites d'un bois très dur, pour résister aux matériaux dont on les charge. Il est urgent de rapporter des morceaux de bois contre les brancards *e, f,* pour la commodité du chargement.

Grande Charrette de roulage

A GRANDE VOIE.

PLANCHE 26.

Les roues sont garnies de bandes en fer.

Figure 1, plan d'élévation. — 2, plan par terre. — 3, bâton servant à presser la mécanique contre les roues. — 4, rouleau servant à maintenir les marchandises sur la charrette. — 5, coffre. — 6, plan de la mécanique. — 7, petite traverse. — 8, ferrure qui assujettit les deux barres à la traverse, le tout assemblé de manière que le mouvement à droite et à gauche s'opère avec facilité. — 9, bride en fer qui supporte la mécanique. — 10, bride qui supporte le derrière de la mécanique. — 11, ringard en fer qui sert à faire mouvoir le tour. — 12, pièce circulaire adaptée à la mécanique, et contre laquelle s'opère le frottement des roues.

**

Train-de-balle de charpentier.

PLANCHE 27.

Figure 1, plan d'élévation. — 2, plan par terre. — 3, ferrure qui garnit la flèche n° 4. Cette ferrure est indispensable. — 5, essieu garni de sa sellette ainsi que de la chaîne qui sert à maintenir le bois qu'on charge dessus. — 6, ferrure qui garnit la sellette. — 7, empanon. — 8, coupe de l'empanon. — 9, palonnier servant à atteler un cheval pour un fort chargement.

Voiture à bras de charpentier,

SERVANT A TRANSPORTER L'OUVRAGE FAÇONNÉ DE L'ATELIER AUX CHANTIERS.

PLANCHE 28.

Figure 1, plan d'élévation. — 2, plan par terre. — 3, élévation d'un petit chariot de maçon. — 4, plan par terre. — 5, roue pleine. — 6, coupe de la roue.

Tombereau à bras de plâtrier.

PLANCHE 29.

Figure 1, plan d'élévation. — 2, plan par terre. — 3, ferrure qui garnit la limonière. — 4, coupe de la ferrure. — 5, ferrure de derrière pour le maintien de la planche et la garniture de la limonière.

Brouette à ridelles avec coquille élevée sur le derrière. — 6, plan d'élévation. — 7, plan par terre.

Voiture à bras de messagerie.

PLANCHE 30.

Figure 1, plan d'élévation. — 2, plan par terre.
Brouette servant dans les magasins d'épicerie, au transport des marchandises. — 3, plan d'élévation. — 4, plan par terre. Toutes les lattes sont en fer ainsi que les coquilles. — 5, ferrure posée sur les limonières. — 6, coupe de cette ferrure. — 7, plan de l'échantignolle.

Diable de maçon,

SERVANT A TRANSPORTER LA PIERRE DANS LES CHANTIERS.

PLANCHE 31.

Figure 1, plan d'élévation. — 2, plan par terre.

Voiture à bras de tonnelier.

PLANCHE 32.

Figure 1, plan d'élévation. — 2, plan par terre. — 3, coupe sur la ligne a, b. — 4, Ferrure du

brancard. — 5, coupe de cette ferrure sur la ligne
c, d. — 6, essieu, — 7, profil des ferrures qui réu-
nissent les deux brancards. — 8, douille s'adaptant
aux brancards par un écrou, et destinée à recevoir au
besoin des ridelles. — 8 *bis*, la même douille vue
d'élévation et munie de sa ridelle.

Hacquet pour le transport des vins.

PLANCHE 33.

Figure 1, plan d'élévation. — 2, plan par terre.

Chariot de brasserie.

PLANCHE 34.

Figure 1, plan d'élévation. — 2, plan par terre.
— 3, coupe sur la ligne c, d. — 4, coupe sur la ligne
a, b.

Charrette de boucher.

PLANCHE 35.

Figure 1, plan d'élévation. — 2, plan par terre.
— 3, coupe sur la ligne a, b. — 4, coupe sur la
ligne c, d.

Grande Voiture de moulin.

Figure 1, plan d'élévation. — 2, plan par terre. — 3, coupe sur la ligne *a*, *b*.

Chariot de moulin n° 1.

Deux planches sous les n°ˢ 37 et 38.

a, plan d'élévation d'un chariot de moulin avec une limonière qui peut être remplacée par un timon. *(Voyez planche suivante n° 8.)* — *b*, plan par terre. — *c*, échelle placée sous le chariot et servant à monter les sacs. — *d*, tour placé sous le chariot, servant à serrer les sacs.

Détails du chariot de moulin n° 1. Figure 1, coupe du derrière du chariot. — 2, coupe du devant. — 3, ferrure de la limonière. — 4, ferrure de côté. — 5, tour. — 6, mécanique. — 7, plan de la limonière. 8, plan du timon qui peut remplacer la limonière du chariot de la planche précédente.—9, plan de l'armon et de la fourchette, dessiné sur une plus grande échelle; les points de section notés 1, 2, 3,

4, sont les centres des courbes, qui peuvent ainsi être tracées géométriquement.

Petite Voiture de moulin.

PLANCHE 39.

Figure 1, plan d'élévation. — 2, plan par terre. — 3, coupe sur la ligne *a, b.*

Chariot de commissionnaire.

PLANCHE 40.

Figure 1, plan d'élévation. — 2, plan par terre. — 3, coupe sur la ligne *a, b.*

Maringotte de roulage.

PLANCHE 41.

Figure 1, plan d'élévation. — 2, plan par terre. — 3, coupe sur la ligne *a, b.*

Chariot de Comté.

PLANCHE 42.

Figure 1, plan d'élévation. — 2, plan par terre. —3, coupe sur ligne *a, b.* — 4, coupe sur la ligne *c, d.* — 5, ferrure du brancard. — 6, coupe de la ferrure du brancard. — 7, plan de la mécanique vue plus en grand.

Chariot à timon.

PLANCHE 43.

Figure 1, élévation du chariot avec timon, échantignolle en fer par devant, une sellette sous la carcasse, et qui porte sur le centre du train. — 2, plan par terre. — 3, siége assujetti avec des courroies à la ridelle du milieu. — 4, traverse servant de dossier. — 5, coupe du siége.

Petit Chariot à siége.

Deux planches sous les nᵒˢ 44 et 45.

PLANCHE 44.

Figure A, plan d'élévation du chariot et de son siége vu latéralement. — B, plan par terre du train et de sa limonière, garnie de sa ferrure.

PLANCHE 45.

Détails du petit chariot de la planche précédente. — C, plan par terre de la carcasse. — D, plan latéral sur la ligne A B avec l'élévation du siége. — E, le siége. — F, plan par terre du siége et du pourtour du dessus. — G, coffre pratiqué dans l'intérieur

du siége, — 7, ferrure de la limonière. — 8, ferrure
du lisoir. — 9, cheville ouvrière. — 10, manchon
posé dans l'intérieur de la sellette et de la ligne, et
par le moyen duquel s'opère le mouvement à droite
et à gauche des roues de devant. — 11, échantignolle en fer. — 12, ferrure du têtard. — 13, la
même ferrure vue de face. — 14, équerre circulaire
posée dans la courbe du haut des ridelles du siége.
— 15, équerre du châssis du coffre. — 16, ferrure
du bout de la ligne. — 17, vue du côté de la ferrure
de la coquille du devant. — 18, ferrure de la coquille vue de face. — 19, broche et sa rondelle placée derrière la ligne.

Gros Chariot

DONT LES ÉGALAGES SONT EN PLANCHES DE BOIS BLANC,
AINSI QUE LE FOND.

PLANCHE 46.

Figure 1, plan d'élévation. — 2, plan par terre.
(Voir, pour les détails, ceux du chariot n° 3, planches 47 et 48.)

Chariot n° 3.

Deux planches sous les n°ˢ 47 et 48.

PLANCHE 47.

A, élévation du chariot. — B, plan par terre. —
C, limonière. — E, arcs-boutants. — F, broche. —

G, armons. — H, lisoir garni d'une lame de fer, à cause du frottement de la ligne, qui est également garnie de fer. — I, ligne. — J, fourchette.

Plans et coupes du chariot n° 3. — K, écalage qui peut se remplacer par une ridelle ou par de simples planches, comme dans le chariot n° 2. — L, sellette montée sur l'encastrure de l'essieu. — M, cornard arrêté avec une cheville ouvrière, pour faciliter le mouvement circulaire des roues de devant, quand on tourne le chariot à droite ou à gauche. Le dessous est revêtu d'une lame de fer, ainsi que la partie supérieure de la sellette du devant. — O, support. — P, franche. — Q, coupe ou plan latéral sur la ligne *a, b.* — R, coupe ou plan latéral sur la ligne *c, d.* — S, plan vu de face, siége s'adaptant à volonté sur la traverse du milieu de l'écalage qui pose sur le cornard, et appuyé contre les franches P. — T, siége vu de côté. — V, plan de grande et de petite courbe, et traverse pour le haut et le bas du siége. — X, épure pour le tracé des courbes.

2, ferrure de la limonière. — 3, coupe de cette ferrure. — 4, cheville ouvrière du cornard et du support. — 5, collier qui maintient ensemble la fourchette et la ligne. — 6, brocheton et sa rondelle placée dans la ligne, derrière la sellette, pour avancer ou reculer le train de derrière. — 7, ferrure du bout de la ligne. — 8, bride qui maintient la sellette à l'essieu. (*Voyez figure* 2, coupe sur la ligne *a*, *b*.) — 9, ferrure qui garnit le bout du cornard et du support. (*Voyez figures* M *et* O.) — 10, ferrure pour le maintien du train de derrière à la fourchette. — 11, plan vu en dessous. — 12, talon arrêté contre l'encastrure. — 13, ferrure posée sous les armons et l'essieu pour adapter le train du devant à cette partie. — 14, plan de cette ferrure.

Chariot de campagne.

PLANCHE 49.

Figure 1, plan d'élévation. — 2, plan par terre. — 3, coupe sur la ligne *a*, *b*.

Chariot monté sur ressorts.

Trois planches sous les nᵒˢ 50, 51 et 52.

PLANCHE 50.

Figure 1, élévation du chariot. — 2, plan par terre. Les lettres *a* marquent les épares placées en contre-bas des brancards, de l'épaisseur du plancher. *b*, grandes épares où sont assemblées les franches. — 3, échelle à double bâti, évasée par le haut, d'une grande utilité pour le chargement des gerbes.

PLANCHE 51.

Coupe du chariot monté sur ressorts. — Figure 1, coupe sur la ligne *a*, *b*, avec l'élévation d'une grande ridelle portative pour faciliter le chargement; — 2, coupe sur la ligne c, d. — 3, plan par terre des ressorts à bascule attenant au train. — 4, élévation des petits et des grands ressorts. — 5, coussinet garni d'une plaque arrêtée sur l'encastrure de l'essieu, et dans lequel s'opère le mouvement du petit ressort. — 6, élévation d'une franche et son épare. — 7, plan par terre de l'épare. — 8, coupe d'une franche. — 9, rouleau placé à l'arrière du chariot.

PLANCHE 52.

Plan du train du chariot monté sur ressorts, et détail des pièces.

N° 1, plan du train tout monté, prêt à recevoir la carcasse. — 2, arrière du train. — 3, avant du train. — 4, timon vu en plan. — 5, timon vu de côté. — 6, la flèche. — 7, flèche vue de côté. — 8, empanon vu en plan. — 9, empanon vu de côté. — 10, tirant. — 11, tirant vu de côté. — 12, armon. — 13, armon vu de côté. — 14, sellette garnie de sa ferrure, et lisoir où s'opère le mouvement à droite et à gauche du train d'avant, par le moyen de la cheville ouvrière. — 15, plan de la sellette. — 16, encensoir qui pose sur la volée d'armon en fer. — 18, volée d'armon. Le train d'avant décrit cette portion de cercle, dont le centre est au milieu de la sellette, au point de section des deux lignes pointées de la figure 3. — 19, traverse de palonnier. — 20, palonnier. — 21, plaque en fer posée sur la sellette et sur l'essieu du train de derrière ; cette plaque est percée de trois trous où passent les boulons. — 22, ferrure posée sur le timon et les armons pour les maintenir ensemble.

Autre Chariot monté sur ressorts.

Deux planches sous les nᵒˢ 53 et 54.

PLANCHE 53.

A, plan d'élévation. — B, plan par terre avec toutes les lignes ponctuées.

PLANCHE 54.

Plans et coupes du même chariot. — Figure 1, coupe ou plan latéral sur la ligne c, d. — 2, coupe sur la ligne a, b. — 3, échelle ou échelette qui se place contre les traverses du train du devant. On l'arrête avec deux boulons et leurs clavettes fixées à la traverse par des chaînettes, en dedans et en dehors. (*Voyez fig.* 2.) — 4, montant adapté au train de derrière par des crampons. (*Voyez fig.* 1.) — 5, timon qui remplace la limonière, en supprimant le têtard. — 6, plan du train et des ressorts.

Carriole nᵒ 1.

PLANCHE 55.

Figure 1, plan d'élévation. — 2, plan par terre. — 3, coupe ou plan latéral. — 4, plan des ridelles formant le pourtour de la carriole, avec les lignes ponctuées, désignant l'emplacement de chaque montant, et leur tracé d'assemblage dans les limons. — 5, coffre. — 6, équerre posée sur les traverses et les pieds. — 7, marche-pied. — 8, coupe du marche-pied.

Carriole n° 2.

PLANCHE 56.

Figure 1, plan d'élévation. — 2, plan par terre. — 3, coupe latérale sur la ligne a, b. — 4, détails des assemblages de la carcasse. — 5, ferrure pour le maintien de l'assemblage des traverses circulaires du tour. — 6, équerre pour les parties carrées.

Carriole n° 3.

PLANCHE 57.

Figure 1, plan d'élévation. — 2, plan par terre. — 3, coupe latérale sur la ligne a, b. — 4, coquille placée en avant de la carriole pour placer des effets. — 5, coupe ou plan d'intérieur. — 6, siége servant de coffre.

Carriole à six places n° 4.

PLANCHE 58.

Figure 1, plan d'élévation. — 2, plan par terre. — 3, plan des détails de la carcasse. — 4, coupe ou plan d'intérieur. — 5, siéges. Un coffre est pratiqué dans celui de derrière. — 6, magasin servant à placer des marchandises.

Carriole n° 5.

PLANCHE 59.

Figure 1, plan d'élévation d'une carriole à capote et à coquille circulaire. — 2, plan latéral sur la ligne *a*, *b*. — 3, plan par terre de la carcasse, avec une méthode pour la tracer : A est le centre de la grande circonférence qui fait le fond de la carriole; les lettres *b* sont les centres des arcs qui font l'équerre avec le fond; les points 2 et 4, marqués dans l'intérieur, sont les centres des arcs qui se raccordent avec ceux en équerre; et les points marqués 1 et 3 sont les centres qui se raccordent avec les derniers. — 5, coupe ou plan d'intérieur. — 6, genre d'assemblage des courbes de la capote; les morceaux prêts à être assemblés, vus de face. — 7, vus sur champ. — 8, clef servant à maintenir le joint.

Carriole n° 6, montée sur ressorts.

PLANCHE 60.

Figure 1, plan d'élévation. — 2, plan par terre. — 3, magasins dont les côtés sont circulaires. — 4, coupe ou plan d'intérieur. — 5, plan des ressorts. — 6, plan latéral sur la ligne *a*, *b*, avec le tracé du devant de la capote en cintre surbaissé; *a* est le centre du grand arc, et *b b* sont les centres des petits. — 7, ferrure de limonière placée dessous.

Cabriolet à deux places,

MONTÉ SUR RESSORTS.

PLANCHE 61.

Figure 1, plan d'élévation. — 2, coupe ou plan latéral. — 3, plan par terre. — 4, coupe ou plan d'intérieur. — 5, siége servant de coffre. — 6, porte s'ouvrant dans le coffre qui donne communication dans l'intérieur de la caisse. — 7, traverse du fond de la caisse. — 8, montants de l'intérieur de la caisse où sont arrêtés les panneaux. — 9, plan des grandes et des petites courbes du siége, tracées en cintre surbaissé; *a* est le centre des grands arcs, et *b b* sont les centres des petits. — 10, dessus du siége dont la tablette est ferrée sur un cadre, pour former l'ouverture du coffre, — 11, plan des ressorts. — 12, élévation du ressort vu de face. — 13, élévation latérale du ressort.

Cabriolet d'enfant.

Deux planches sous les nᵒˢ 62 et 63.

PLANCHE 62.

Figure 1, cabriolet d'enfant. Tout le train et les roues sont en fer; la caisse à gondole arrêtée sur les traverses en fer avec des boulons à vis et à écrous. — 2, plan par terre. Le timon est également en fer. — 3, plan par terre de la caisse. — 4, siége. — 5, timon vu en plan. — 6, timon vu de côté.

PLANCHE 63.

Détails du cabriolet d'enfant de la planche précédente. Nº 1, élévation latérale du derrière. — 2, élévation du devant. — 3, coupe de la caisse. — 4, traverse en fer cintrée et arrêtée sur les essieux pour le support de la caisse.

Char-à-bancs d'enfant.

PLANCHE 64.

Figure 1, plan d'élévation. — 2, coupe sur la ligne *a, b*. — 3, coupe sur la ligne *c, d*. — 4, timon.

DÉTAIL DES PLANS

DE L'ARÇONNIER, BOURRELIER ET SELLIER.

Introduction.

Le bourrelier et le sellier étant en rapport continuel de travail avec le charron et le carrossier, l'auteur a cru devoir joindre à son ouvrage, comme y faisant naturellement suite, ce qui concerne ces deux parties.

Les principaux matériaux employés par le bourrelier sont les peaux et les cuirs. Après les cuirs viennent les bourres, pour matelasser les pièces que confectionne cet ouvrier : la paille de seigle, la bourre de bœuf, celle de veau et de mouton, sont employées à cet usage.

Les bois du bourrelier sont les bases des bâts et les ornements des colliers des chevaux, ornements

que l'on nomme attelles. (*Voyez planche* 65, *fig.* 3.)
Elles sont en bois de hêtre et se fabriquent dans les
ventes; elles sont de sciage ou de fente. Les selles et
sellettes de limon sont faites du même bois, que l'on
regarde comme le plus favorable à la confection de
ces sortes d'ouvrages.

Les parties des harnais destinées à la tête et au
cou du cheval, sont le licou et le collier : le licou
est composé de la têtière, de la muselière, des deux
jouières, d'une longe et d'un anneau de fer.

La bride, qui est la première partie de l'équipe-
ment d'un cheval, se compose de la têtière, du fron-
tail, des montants, des aboutoirs, du cache-nez, du
sous-gorge, du mors et des rênes.

Les harnais du derrière du cheval sont : la selle
ou la sellette du limon, la sous-ventrière, la dossière,
l'avaloire, la croupière, la chaîne et la bascule.

Beaucoup d'ouvriers prétendent que le bourrelier
n'a, en aucun cas, besoin du tracé géométrique;
mais cette précision, toujours désirable, est indispensable au travail de la sellerie, qui n'est pas sépa-
rée de la bourrellerie : l'emploi du compas abrège
le temps, évite les tâtonnements et les erreurs, et
donne aux tracés la précision et la régularité conve-
nables. L'auteur recommande donc à l'ouvrier de se
servir du mètre et du compas, pour la bonne confection de ses ouvrages.

PLANCHE 65.

Nº 1, élévation d'un collier vu par derrière. —
2, élévation du même collier vu par devant. — 3,
attelle adaptée au collier, lorsqu'il est achevé. —
4, ferrure de l'attelle. — 5, élévation du collier
garni de tous ses accessoires. — 6, collier à la française garni de ses attelles. — 7, attelle du collier à
la française. — 8, harnachement du cheval du de-
vant : *a*, bride ; *b*, collier ; *c*, trait ; *d*, couverte ; *e*,
croupière adaptée à la couverte *d* par une courroie
attenante au collier *b* ; *f*, surdos, ainsi nommé parce
qu'il passe sur le milieu du dos, par dessus la couverte ; il est destiné à soutenir les deux fourreaux *g*,
et les traits auxquels on l'attache. — 10, élévation
latérale de la bride : *a*, montant ; *b*, frontal ; *c*, sous-
gorge ; *d*, œillère ; *e*, rêne.

PLANCHE. 66.

Nº 1, dossière. (*Voyez planche* 69, lettre *a.*) —
2, dossière vue de côté. — 3, petite dossière. — 4,
la même vue de côté. — 5, croupière. (*Voyez planche* 65, *n*° 8, lettre *e.*) — 6, croupière vue de côté.
— 7, longe garnie de son anneau de fer. — 8, sous-
ventrière. (*Voyez planche* 69, *fig.* 1, lettre *f.*). —
9, sous-ventrière vue de côté. — 10, trait. — 11,
fourreau qui soutient le trait. — 12, coupe du fourreau.

PLANCHE 67.

N° 1, élévation latérale d'une selle de limon. —
2, élévation principale d'une selle de limon non
garnie. — 3, élévation de la selle de limon munie de
toutes ses garnitures. — 4, bât garni de tous ses accessoires. — 5, panneau de rivier ; il est construit
en basane, un peu plus étroit devant que derrière ;
il a 23 à 33 centimètres de longueur ; il a beaucoup
de rapport avec la sellette de limon. — 6, plan par
terre de la sellette de limon n° 3. — 7, avaloire.
(*Voyez planche* 69, *n°* 1, lettre *d.*) — 8, aboutoir
brodé. — 9, ferrure posée au faîte de la selle de limon. (*Voyez n°* 6, lettre *a.*) — 10, élévation de la
ferrure. — 11, empâtement servant à consolider la
ferrure au derrière de la selle.

PLANCHE 68.

N° 1, reculement garni de toutes ses pièces. — 2,
plan par terre de l'avaloire. (*Voyez planche* 67,
n° 7.) — 3, plan par terre du reculement. — 4, broderie à bâtons rompus. — 5, élévation latérale de
l'avaloire sur la ligne *a, b.* (*Voyez planche* 67,
fig. 7.) — 6, broderie à double bâtons rompus.

PLANCHE 69.

N° 1, garniture générale du cheval de limon. —
2, élévation latérale du bât français. — 3, élévation
principale du bât français. — 4, élévation latérale
d'une selle de carriole sur la ligne *a, b.* — 5, éléva-

tion latérale sur la ligne *c*, *d*. — 6, élévation principale de la sellette de carriole. — 7, plan par terre
de la sellette non garnie. — 8, élévation principale
d'une sellette à batine non garnie. — 9, plan par terre
de la sellette à batine. — 10, élévation latérale du
bât français sur la ligne *a*, *b*.

PLANCHE 70.

Nº 1, élévation latérale sur la ligne *a*, *b*, d'une sellette de carriole toute garnie. — 2, élévation latérale
sur la ligne *c*, *d*. — 3, élévation principale de la
sellette garnie. — 4, élévation d'une bride à œillère
carrée. — 5, élévation latérale de la bride à œillère.
— 6, courroie de reculement. (*Voyez planche* 68,
nº 1, lettre *a*.) — 7, courroie de reculement vue de
côté. — 8, chaîne d'avaloire. (*Voyez planche* 69,
nº 1, lettre *c*.) — 9, prenant. — 10, prenant vu de
côté. 11, licou simple. — 12, licou double.

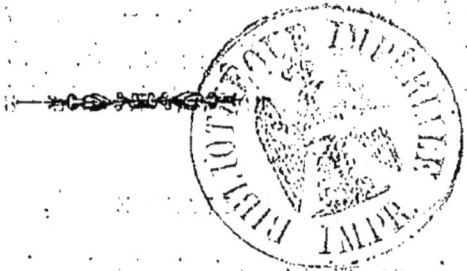

Dijon, imp. J.-E. Rabutôt.

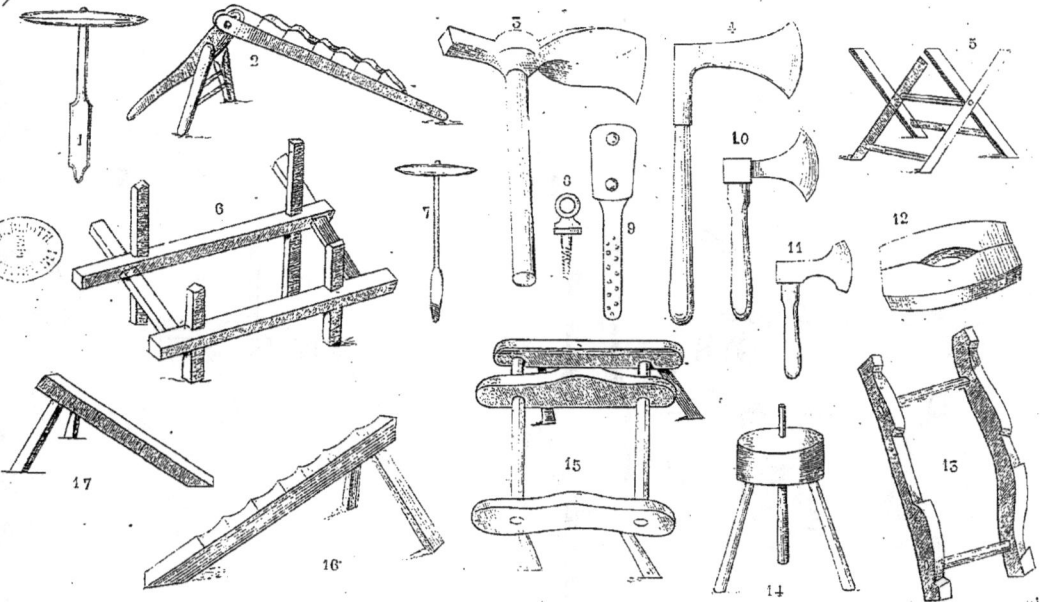

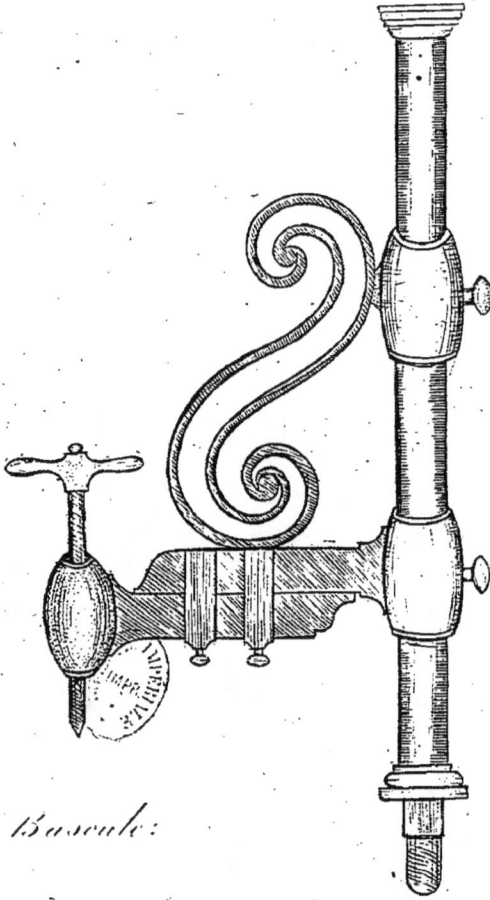

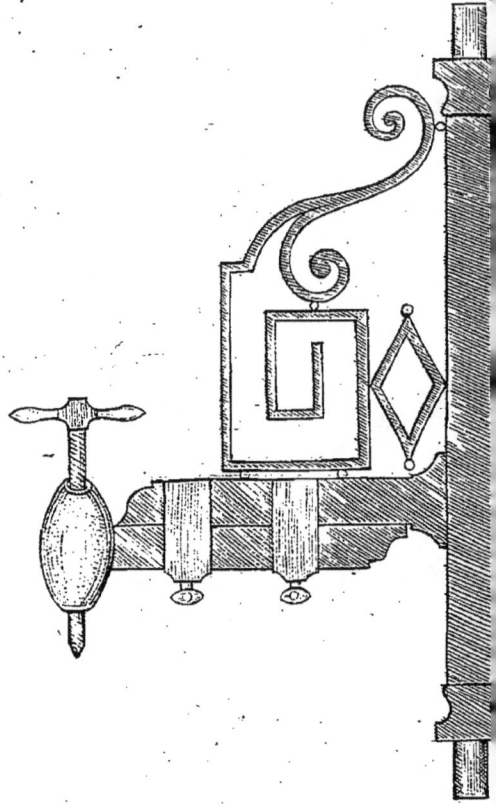

Bascule:

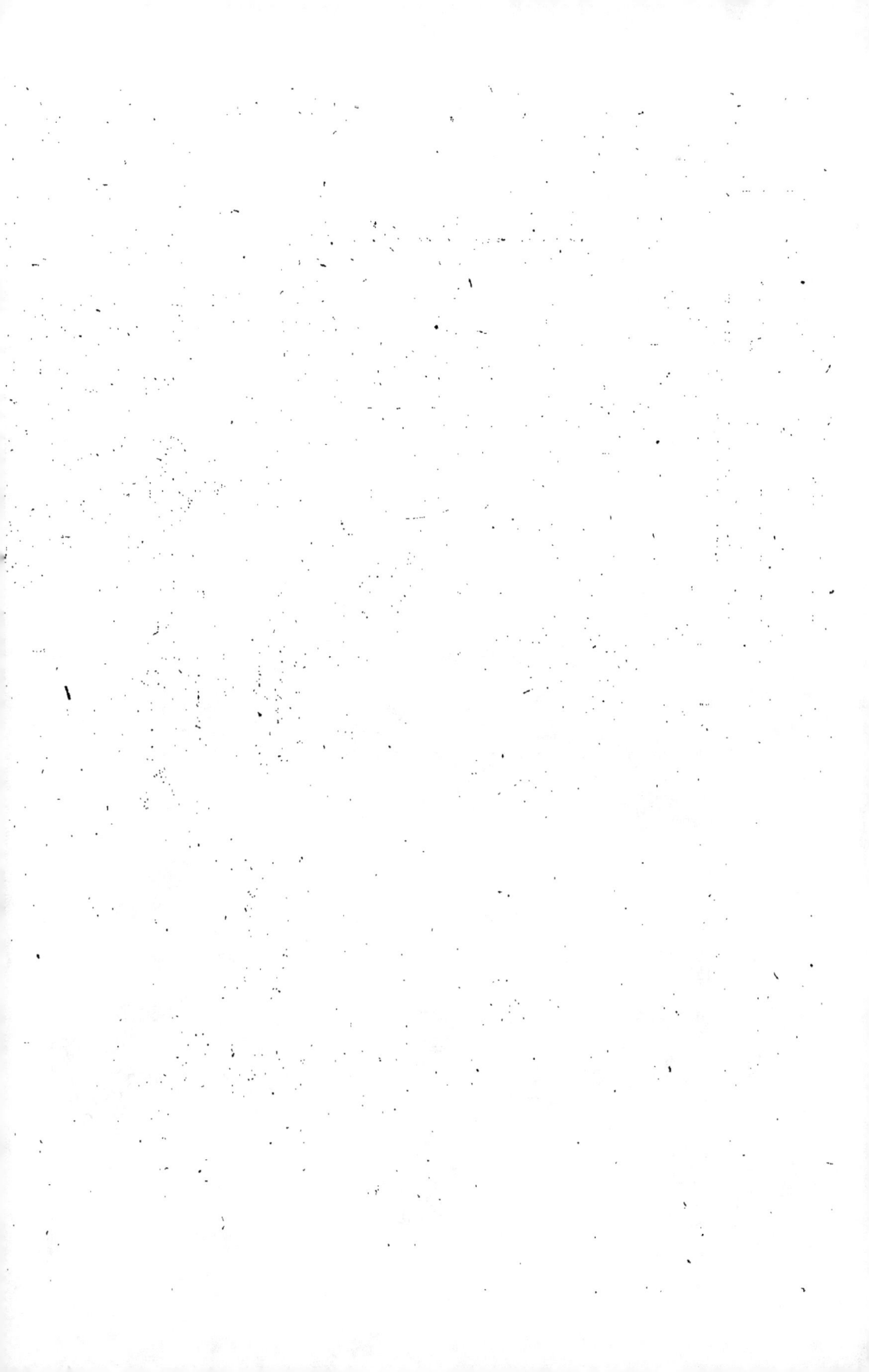

Bascule ou machine à forer.

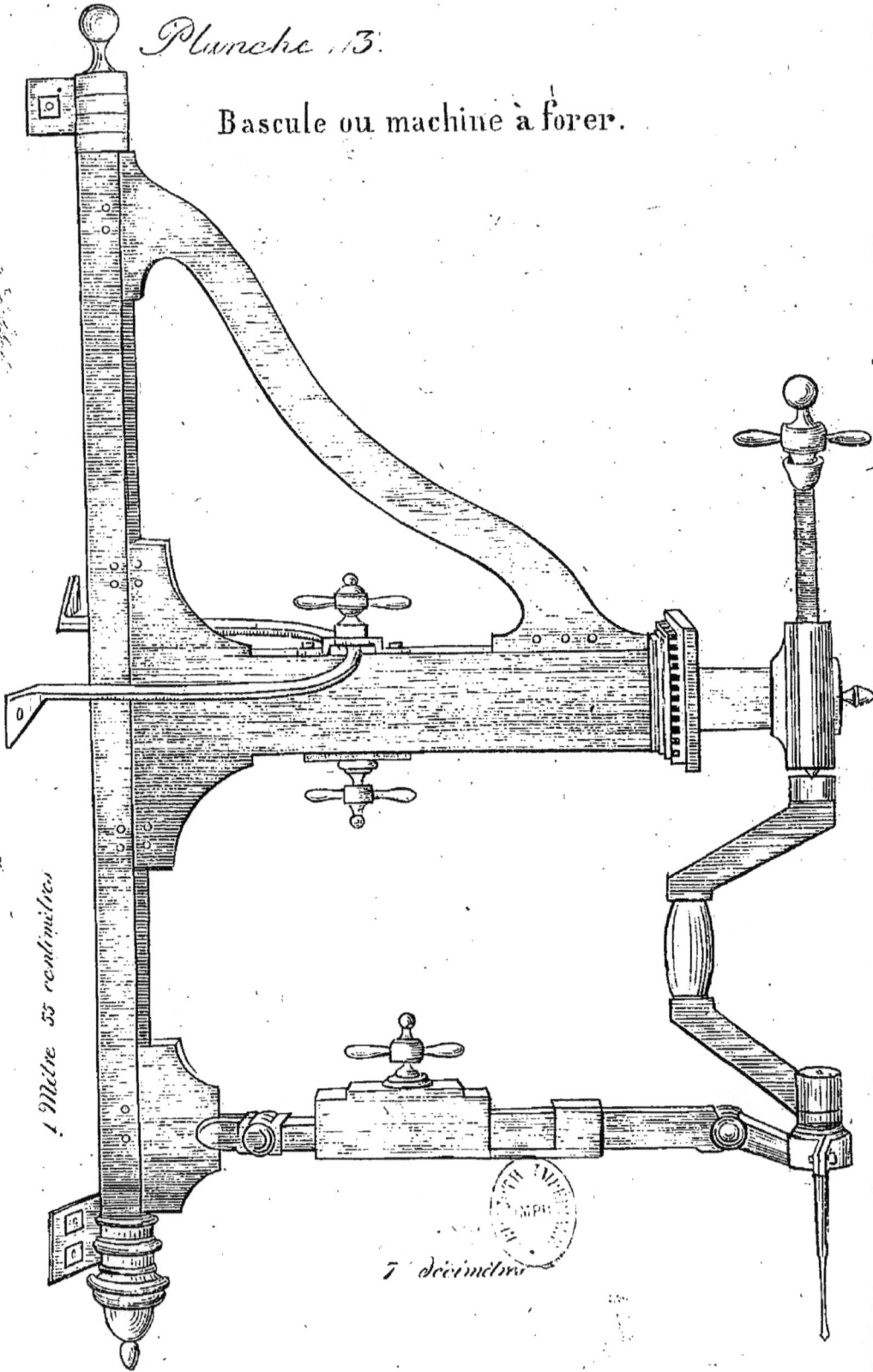

1 Mètre 55 centimètres

7 décimètres

FILIÈRE DOUBLE.

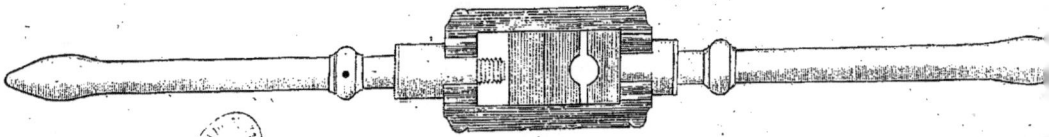

o décimètre

Planche 5.

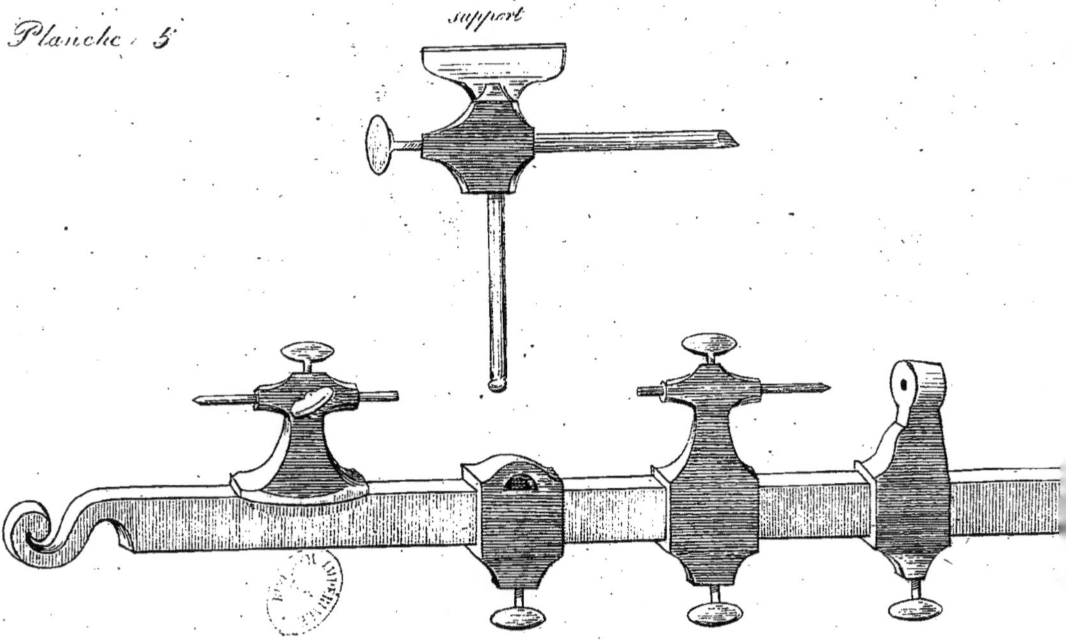

support

TOUR PORTATIF POUVANT S'ADAPTER À UN ÉTAU. décimètre

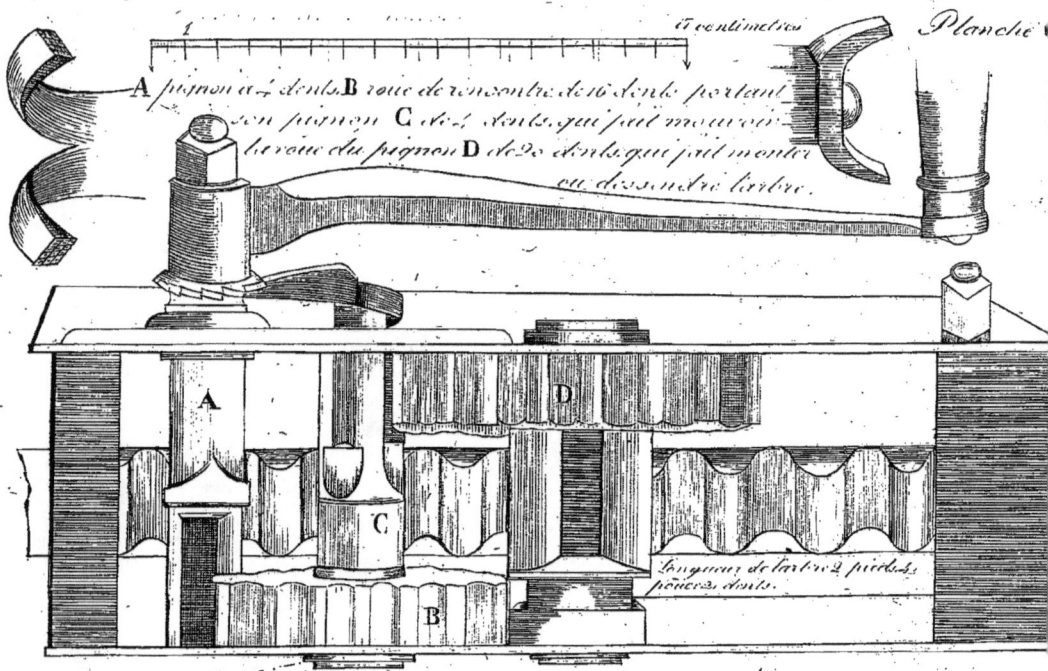

ú centimètres   Planche

A *pignon à 4 dents.* B *roue de rencontre de 16 dents, portant son pignon* C *de 4 dents, qui fait mouvoir la roue du pignon* D *de 20 dents, qui fait monter ou descendre l'arbre.*

A

D

C

B

Longueur de l'arbre 2 pieds 4 pouces 2 dents.

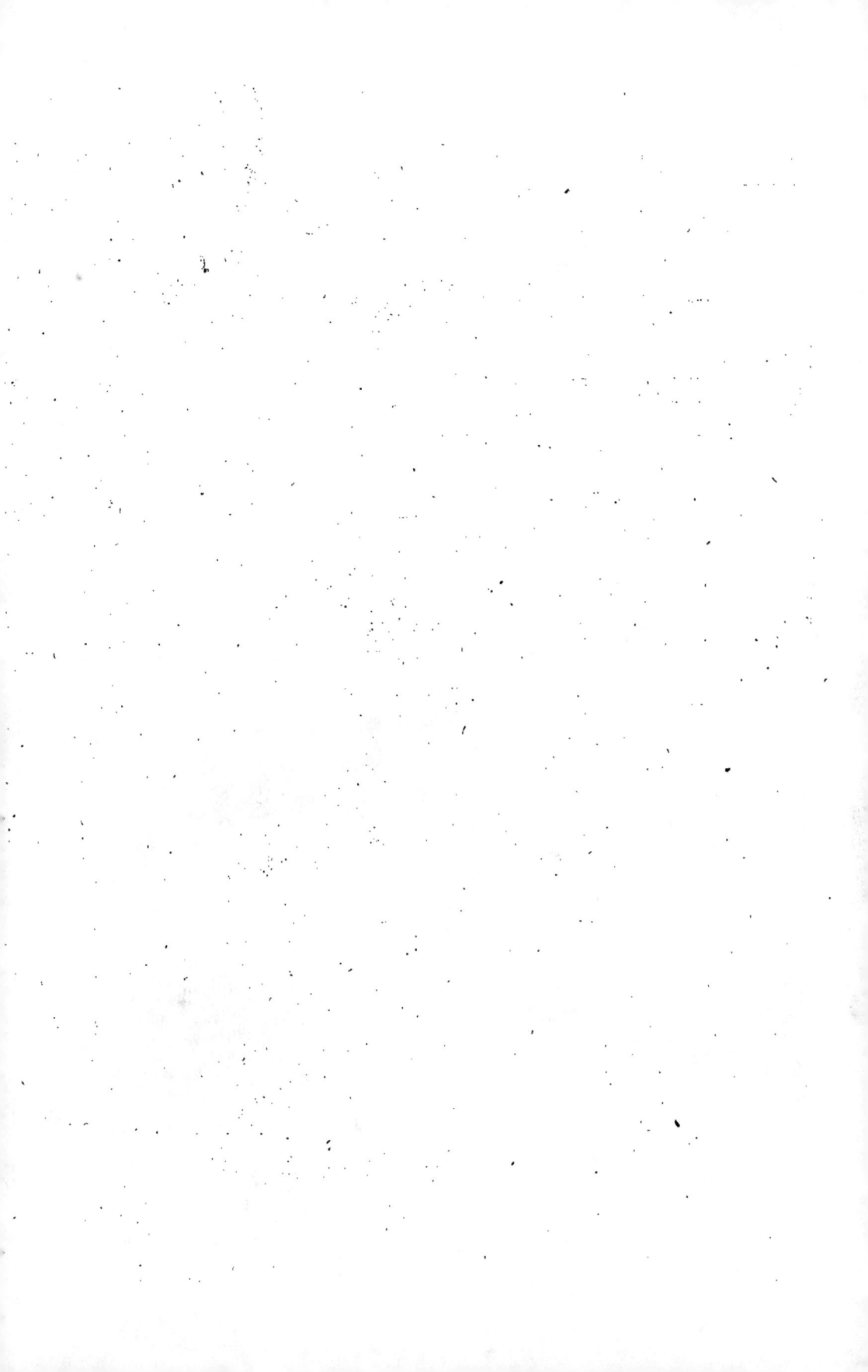

ou pièce
barbée

le cris vu sur champ
avec les pièces piquée

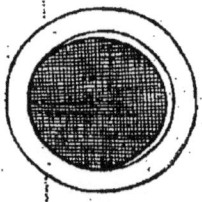

Cliquet

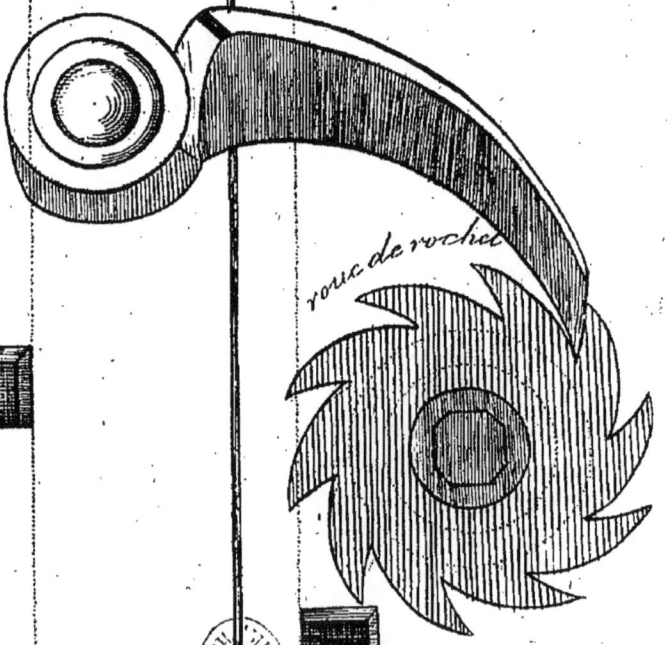

roue de rochet

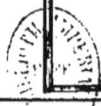

planche 8

Cléf Anglaise

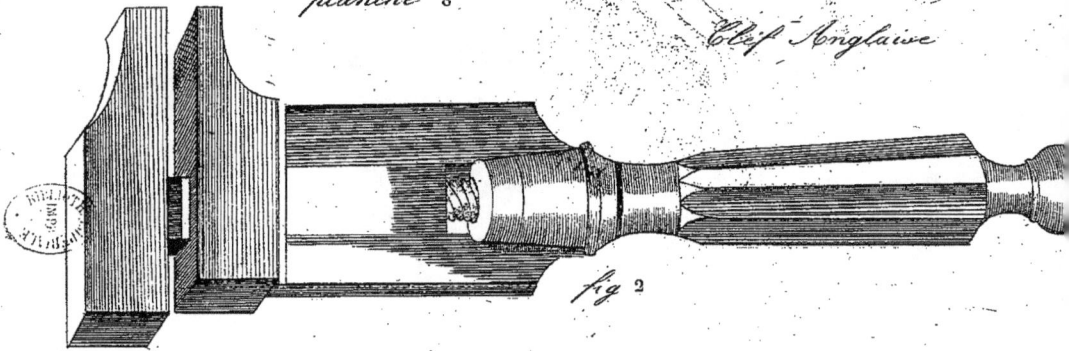

fig 2

Cléf à Coulisse

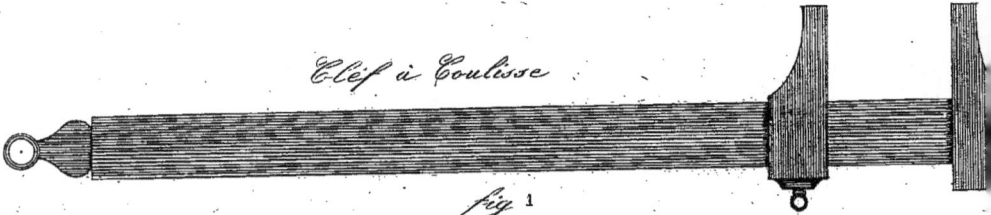

fig 1

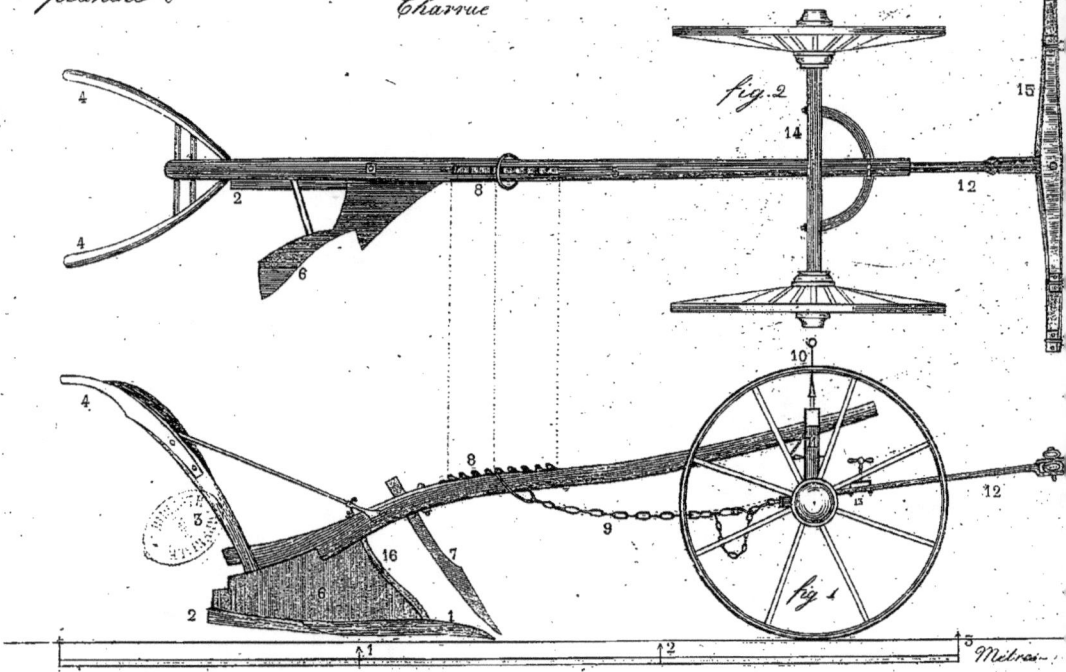

planche 9   *Charrue*

fig.2

fig 1

Pieces détachées de la Charrue pl. 9

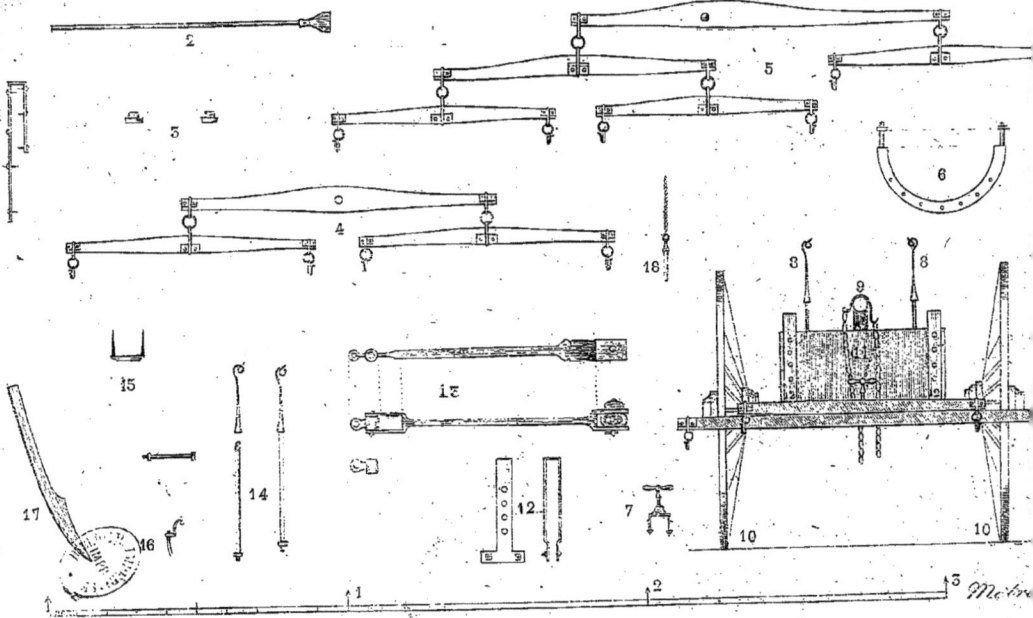

Charrue

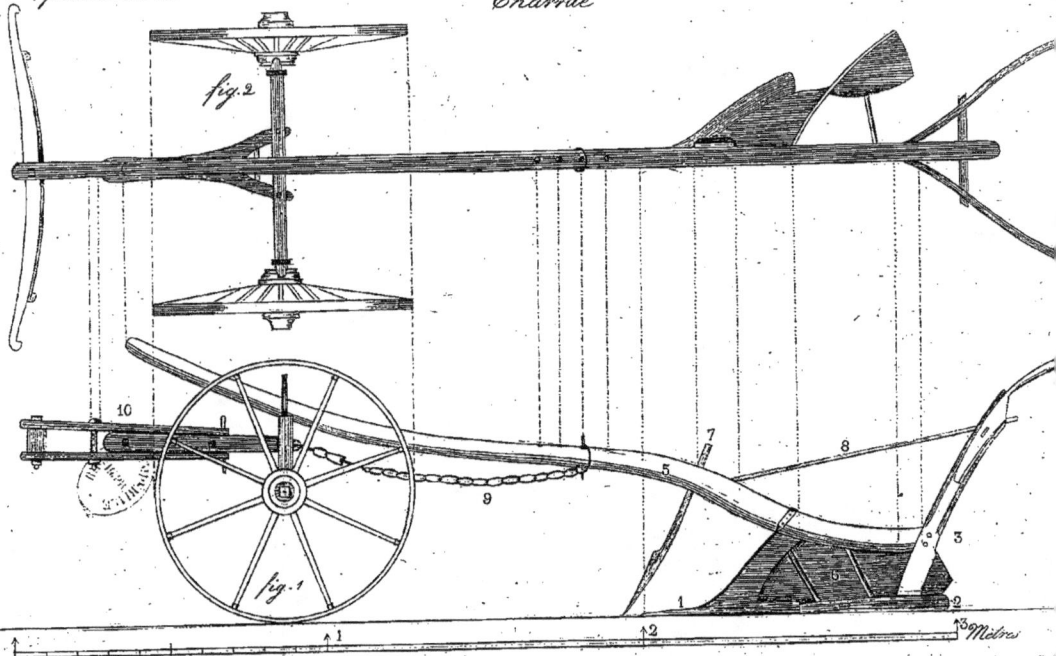

fig.2

fig.1

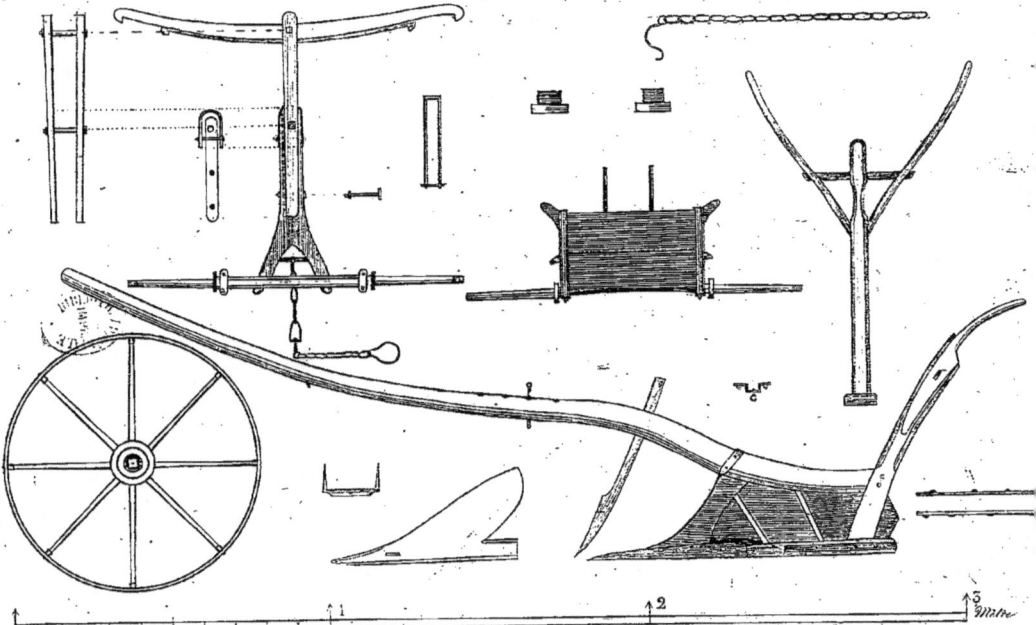

pieces détachées

Charrue à semoir de Thevenin

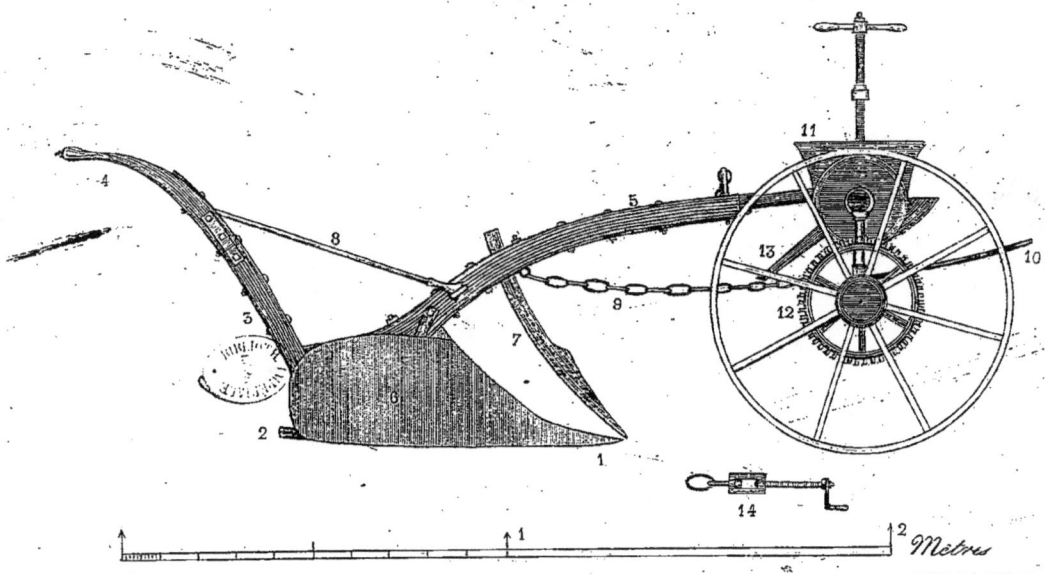

Mètres

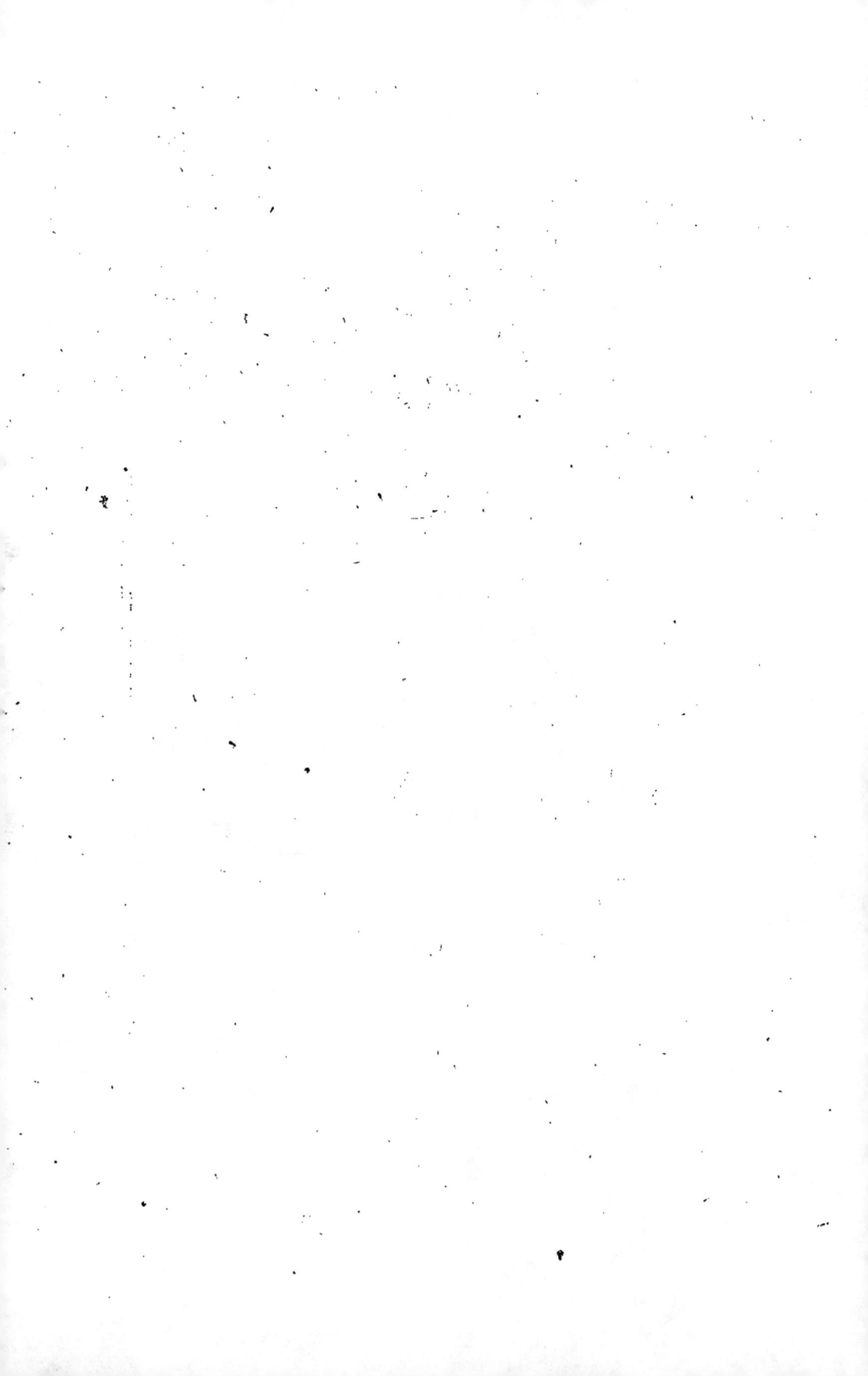

Charrue à semoir de Thevenin

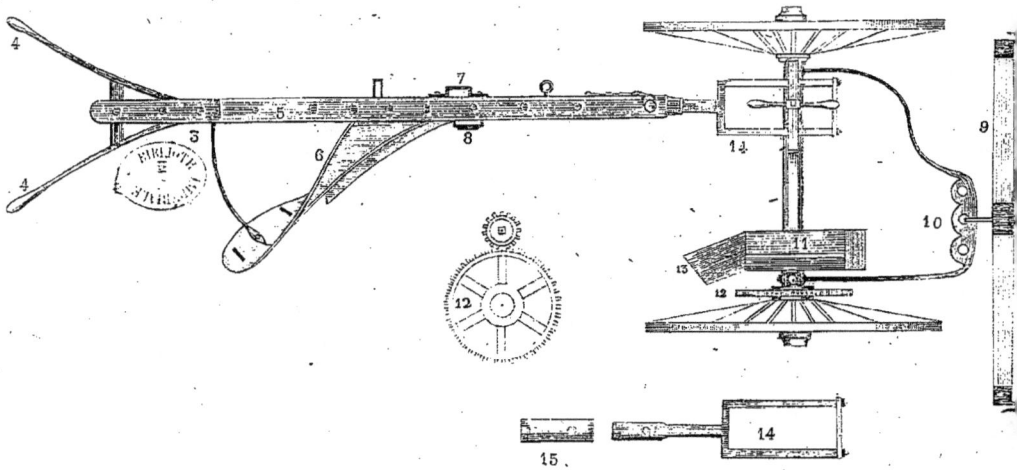

1 .... 2 Mètres

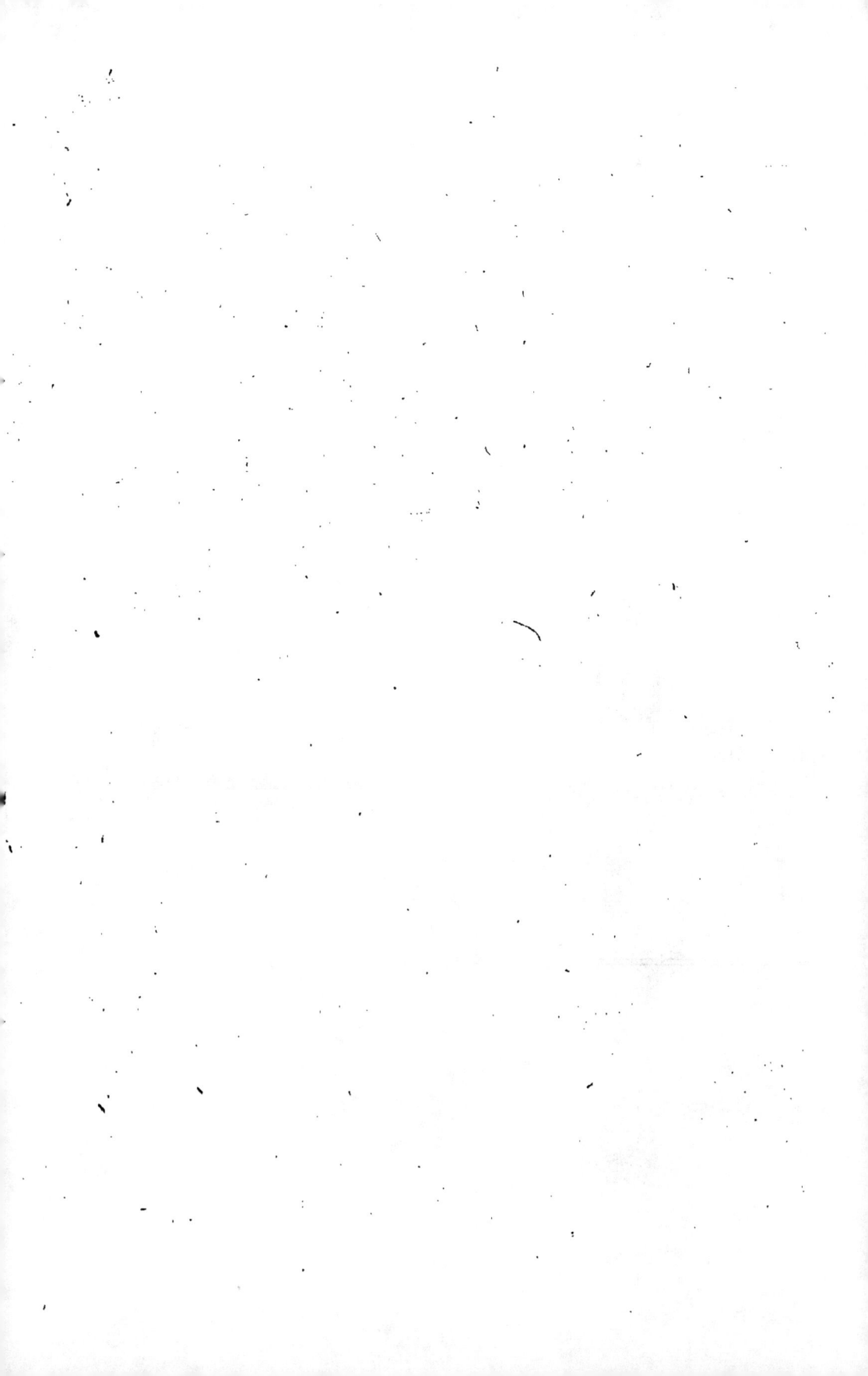

Charrue à semoir de Thevenin

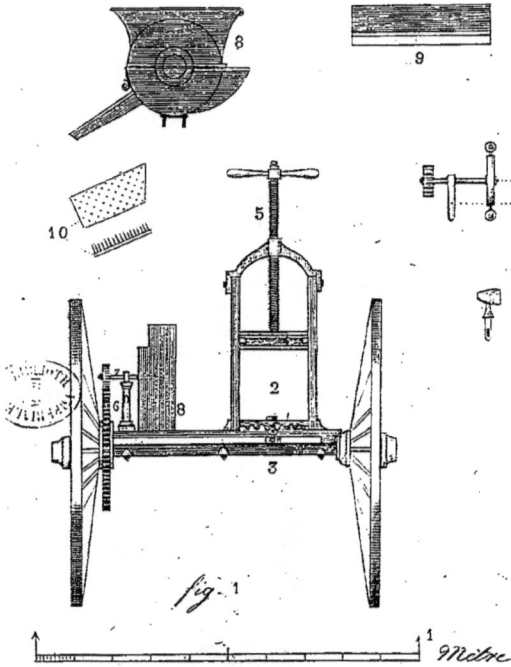

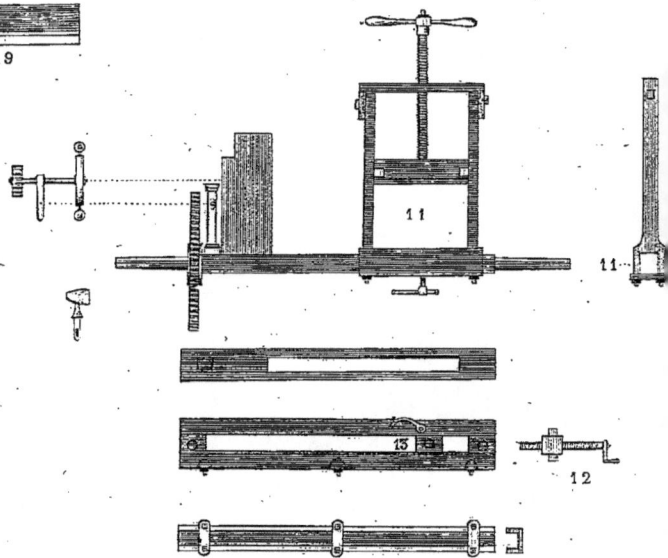

8

9

10

5

2

3

6

fig. 1

1 Metre

11

11

13

12

planche 15 bis N° 1

Charrue Albert

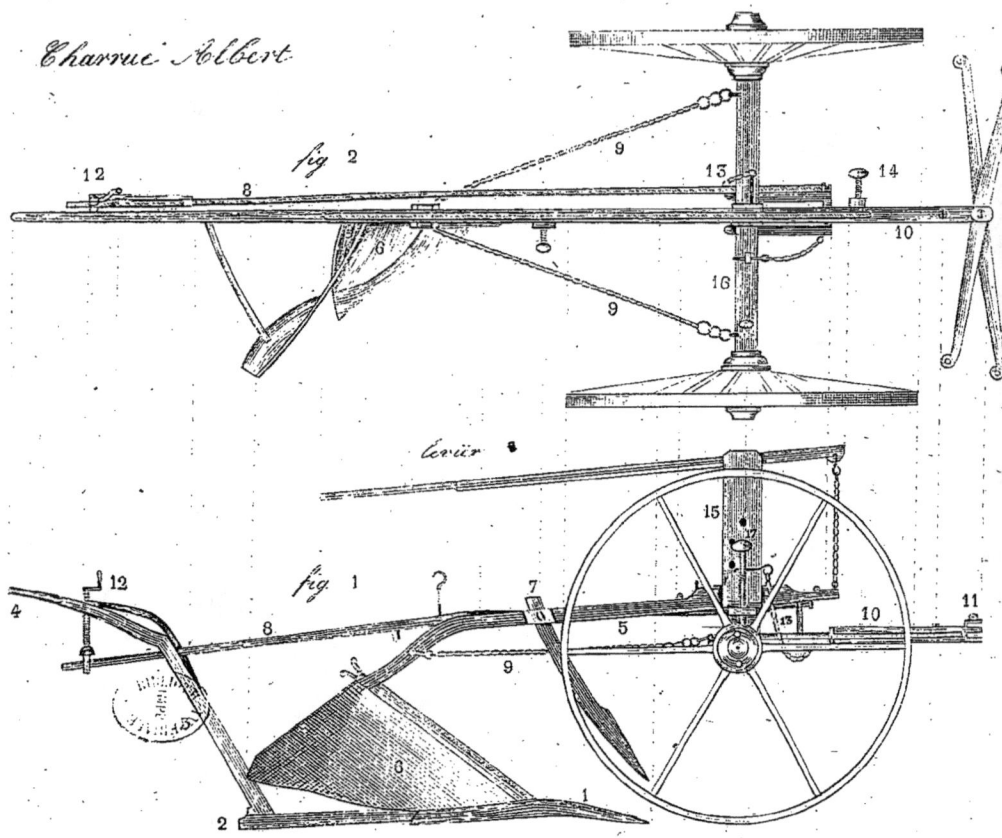

fig. 2

12   8   9   13   14

                                                                            10

                                                        16

                              9

levier

                                                        15

                12   fig. 1   7
4   8   5   10   11
                                        9

10

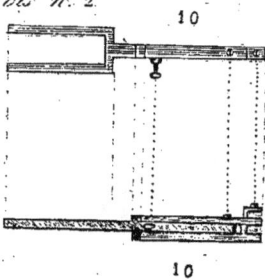

10

11

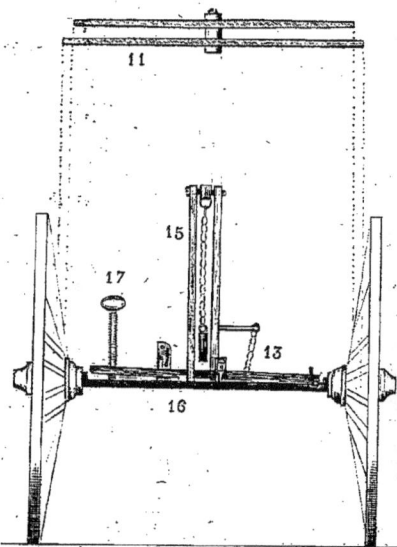

17

15

13

16

5

8

4

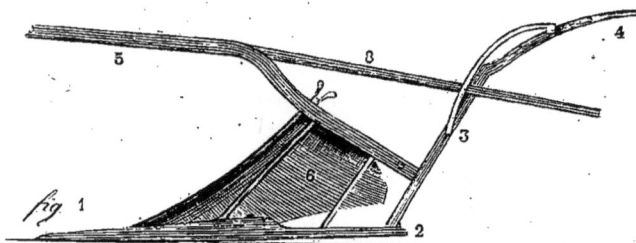

3

6

fig 1

2

1

2

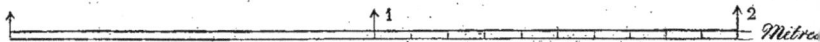

Mitre

Scarificateur Dombasle

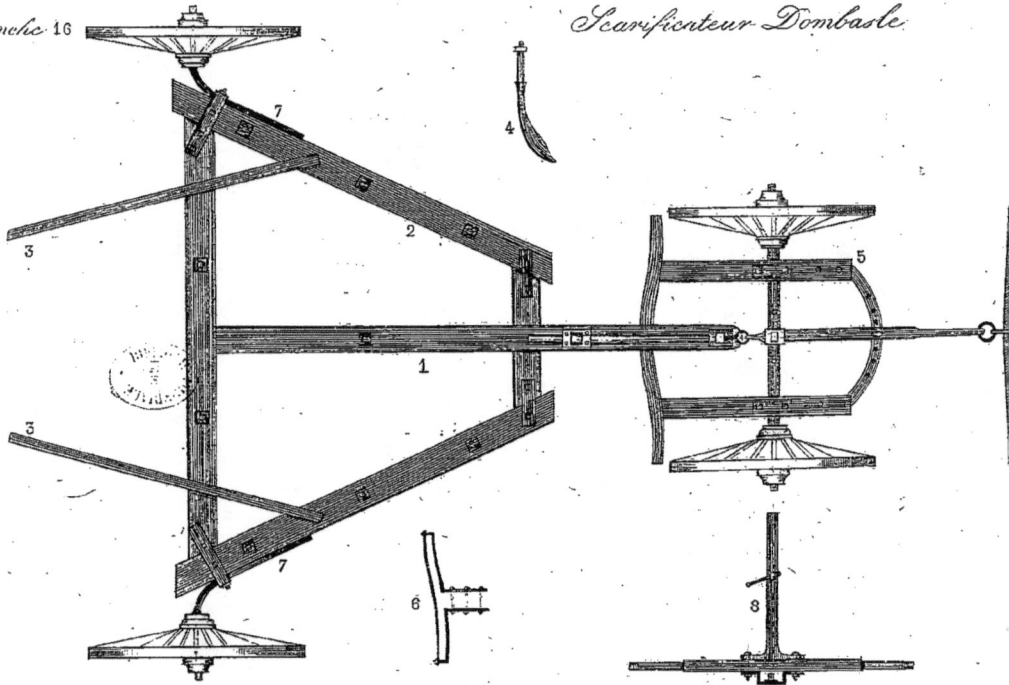

3

2

7

4

1

3

7

6

5

8

Scarificateur Dombasle

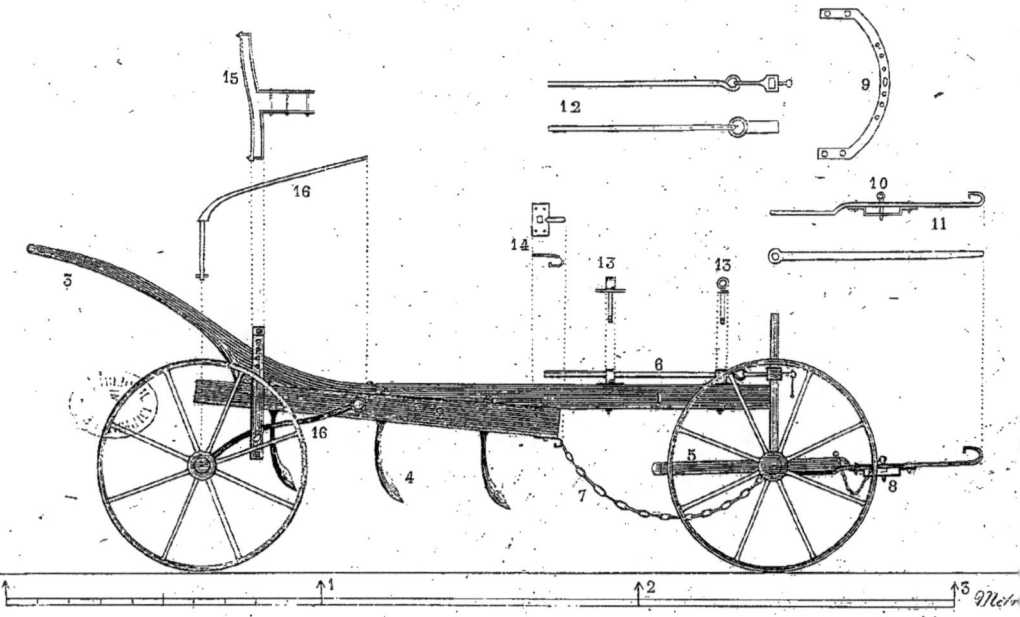

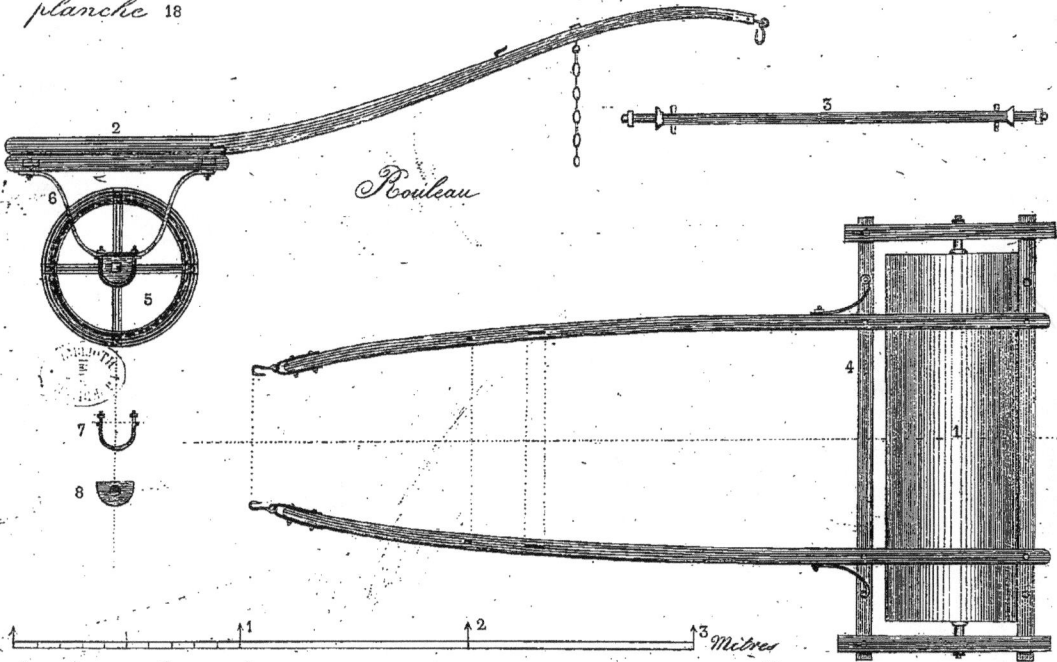

planche 18

Rouleau

Mitres

Semoir Dombasle

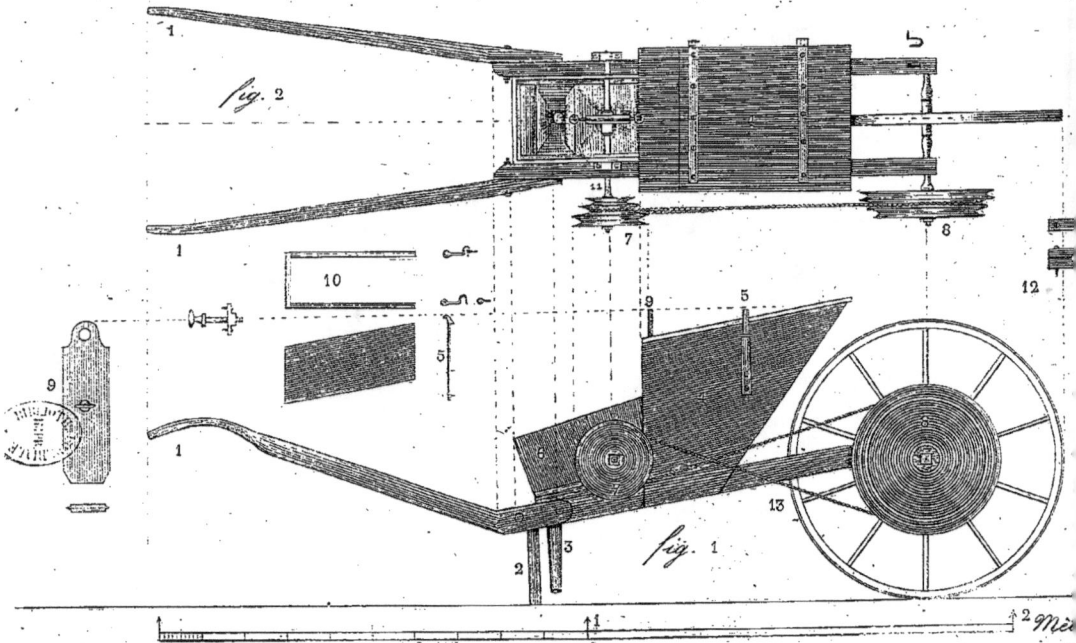

fig. 2

fig. 1

1
1
1
1
10
5
9
11
7
8
12
5
9
5
13
2
3

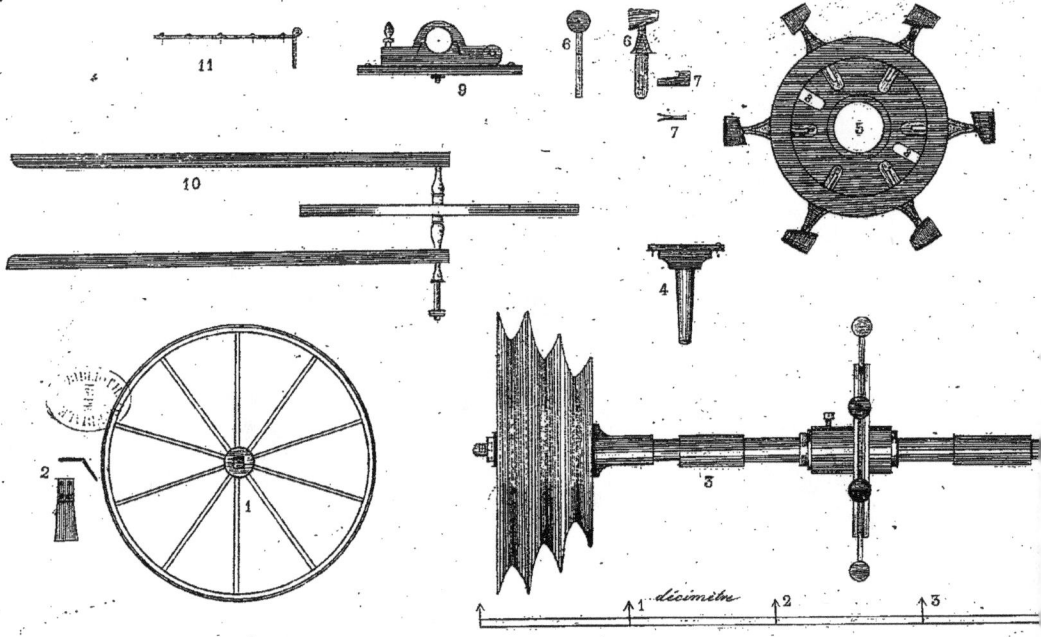

planche 20

Semoir Dombasle

11

9

6

6

7

7

5

10

4

3

1

2

décimètre 1 2 3

planche 21

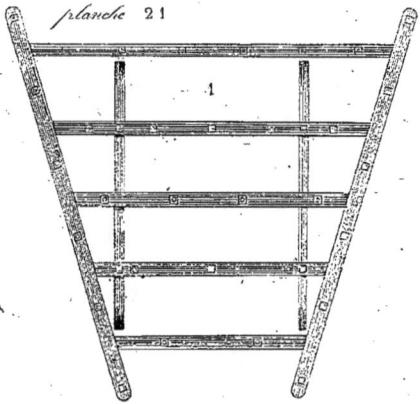

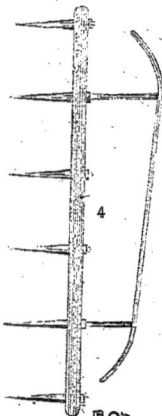

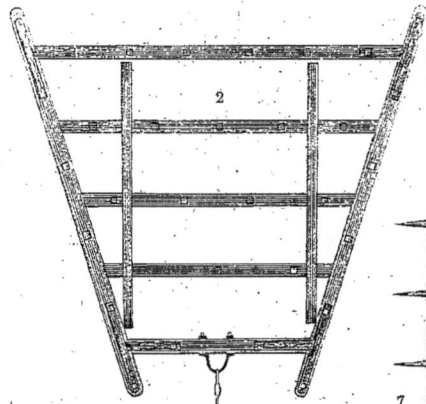

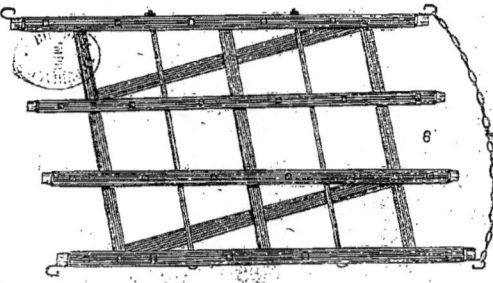

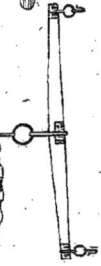

Herses

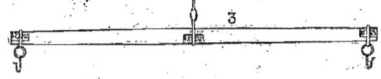

planche 22   Tombereau N.º 1.

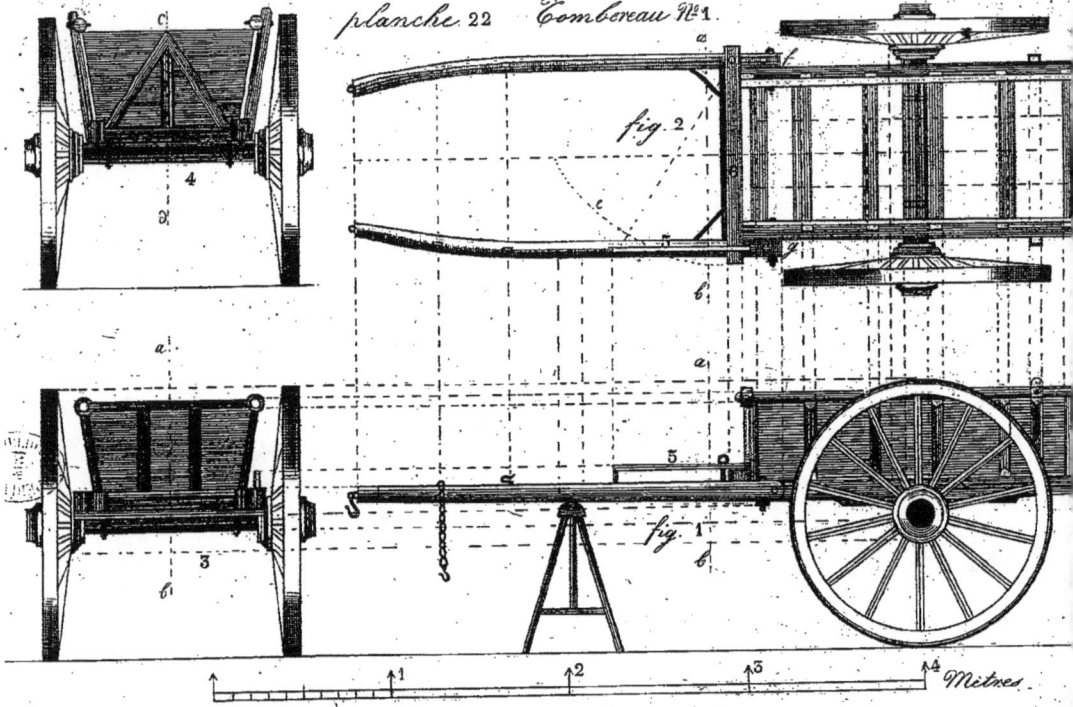

fig. 2

fig. 1

1   2   3   4   Mètres.

Voiture à Moisson

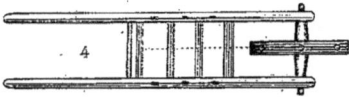

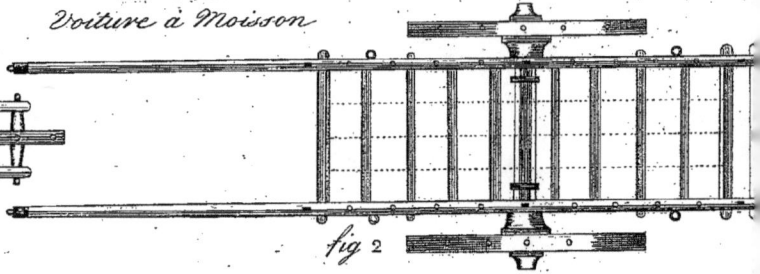

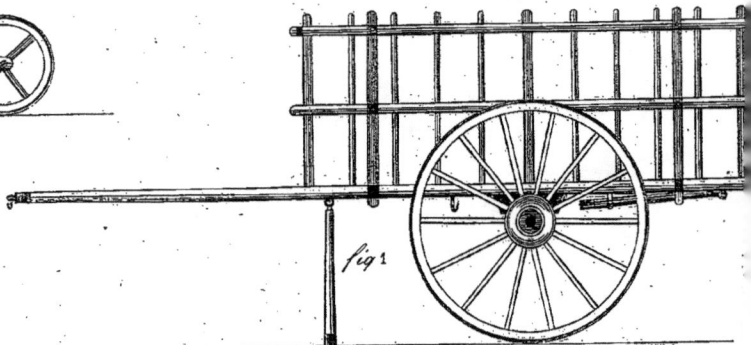

fig 2

fig 1

4

3

↑1 ↑2 ↑3 ↑4 ↑5 mètres

Tombereau N: 2

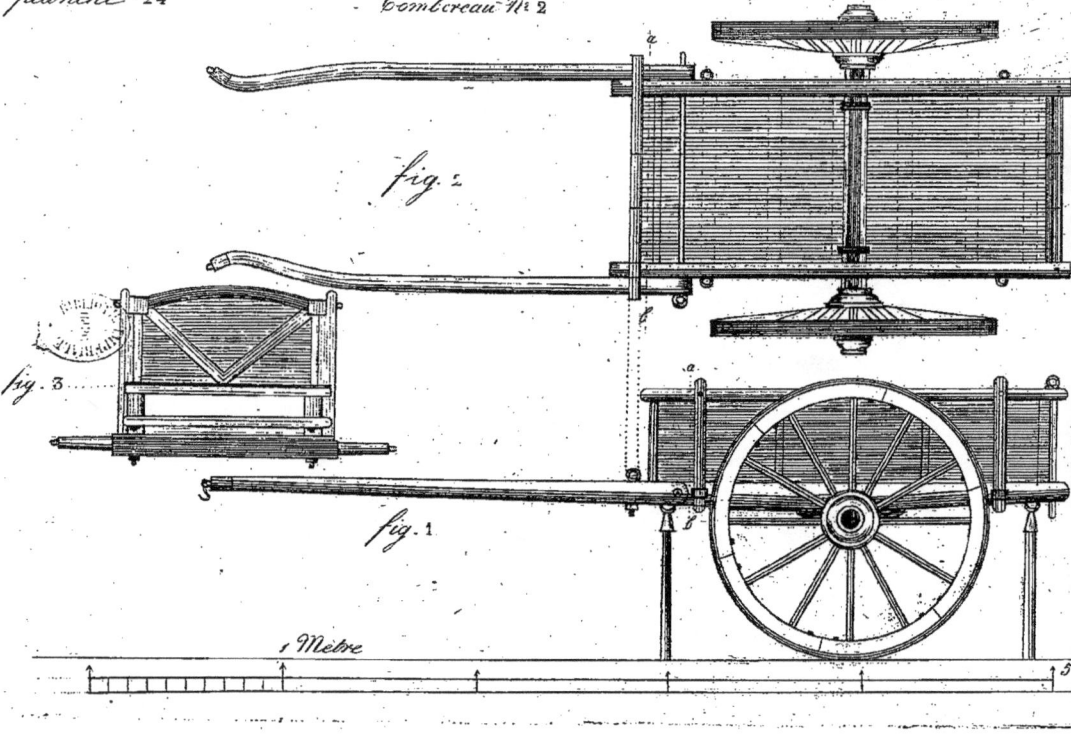

fig. 2

fig. 3

fig. 1

1 Mètre

Voiture a Pierre

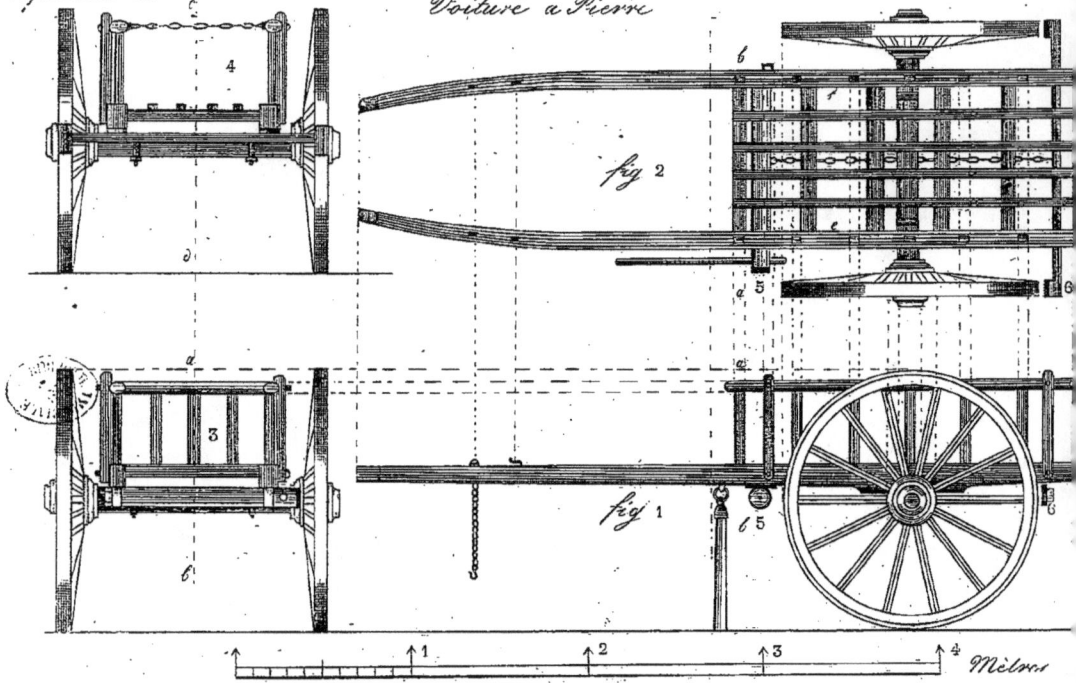

fig 2

fig 1

Mètres

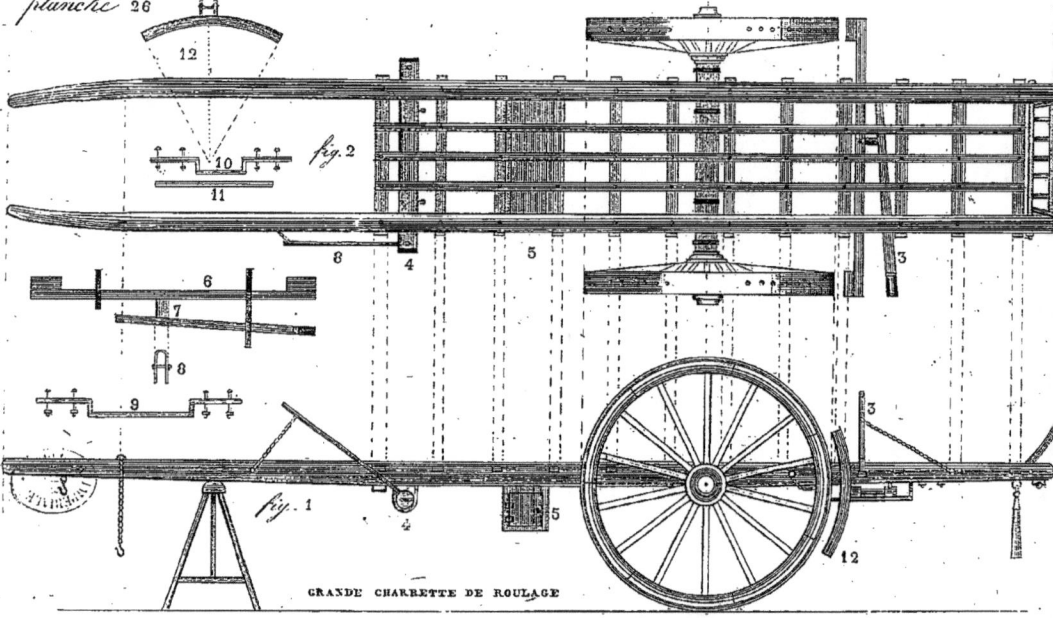

planche 26

fig. 2

fig. 1

GRANDE CHARRETTE DE ROULAGE

Mètres

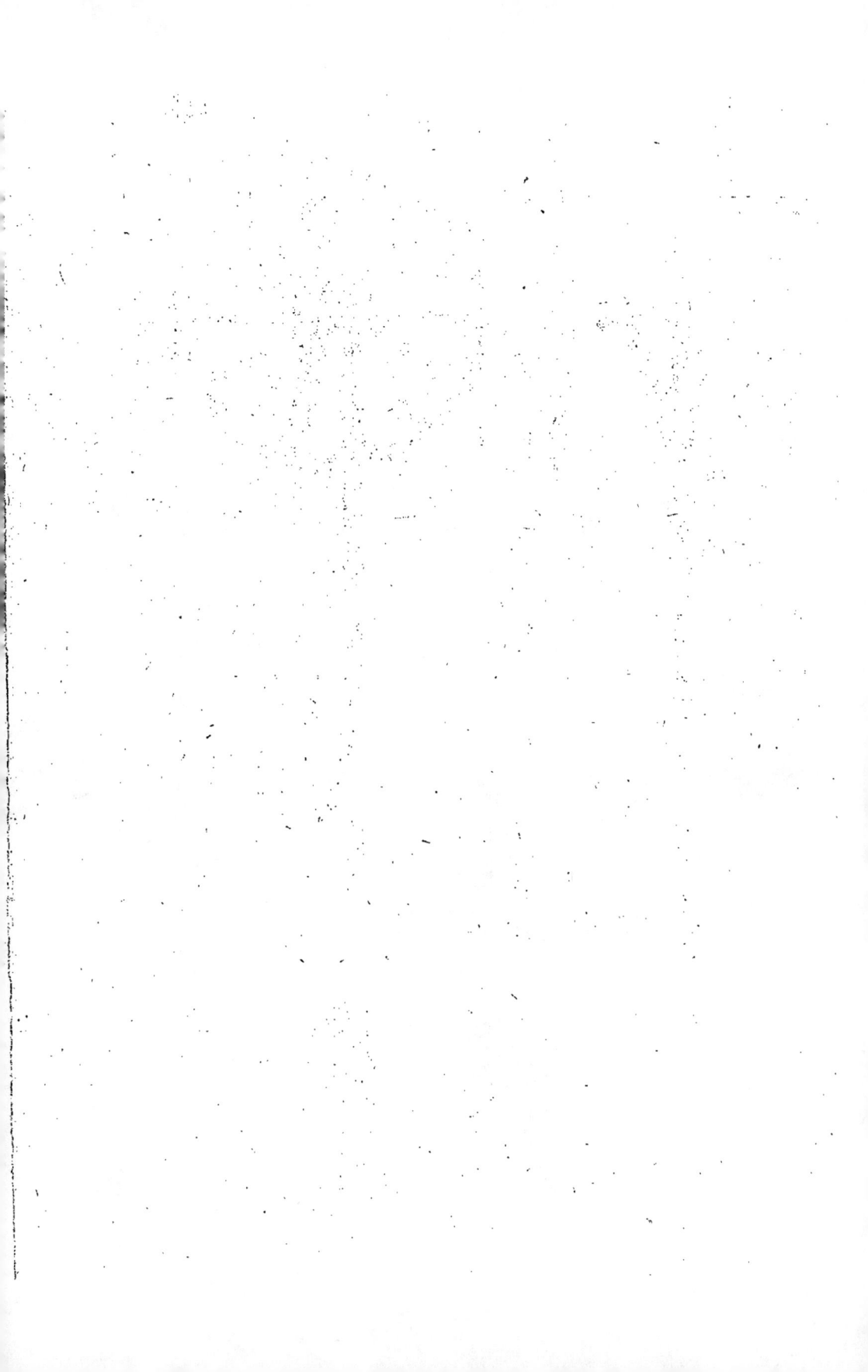

planche 27

7 8

6

5

4

9 2

fig. 2

3

fig. 1

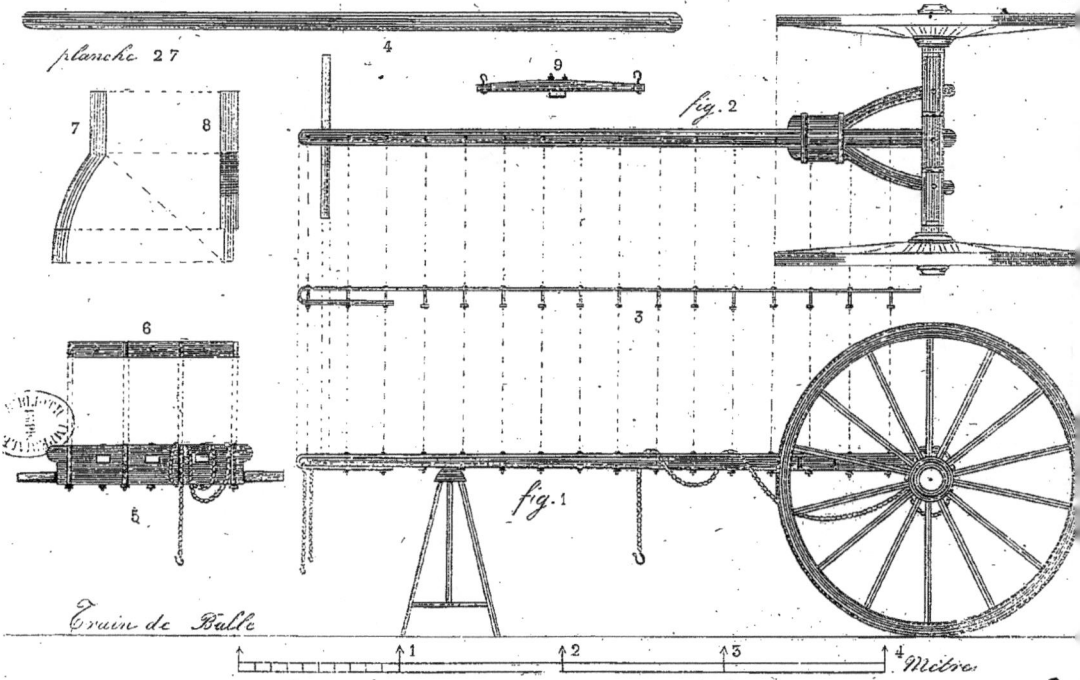

Train de Balle

1   2   3   4 Mètre

planche 28

6

5

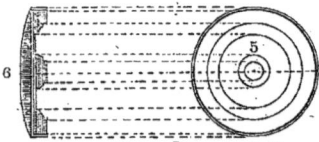

Petit chariot de Maçon

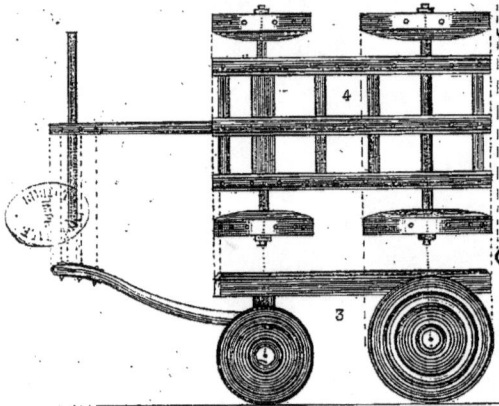

Voiture à bras
de Charpentier

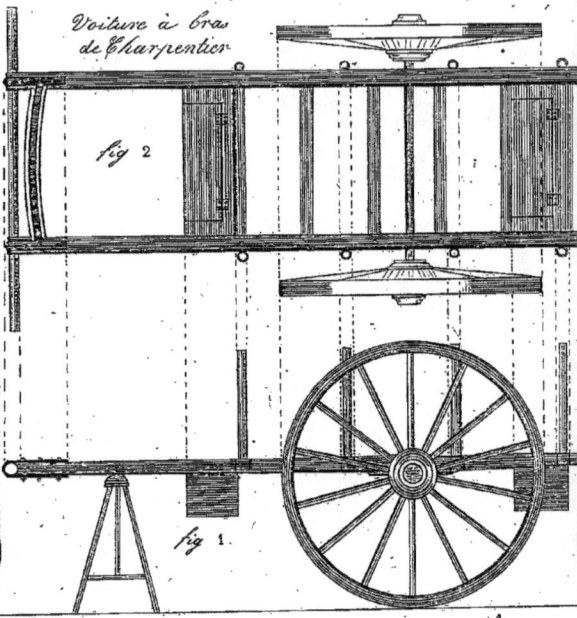

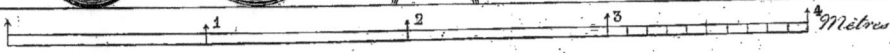

fig 2

fig 1

4

3

Mètres

planche 29

Brouette a deux roues

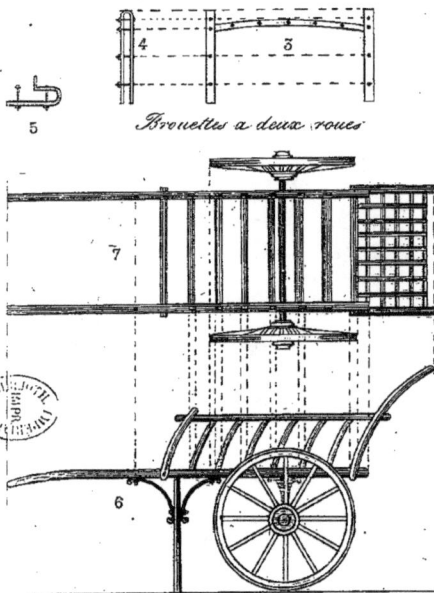

Tombereau a bras de platrier

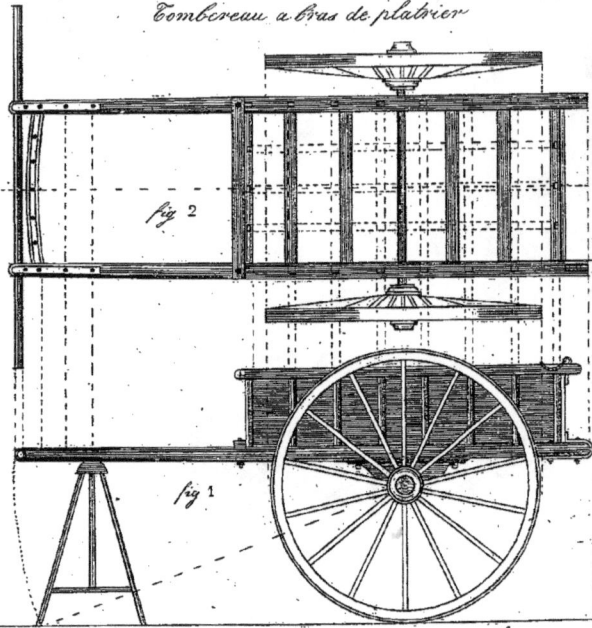

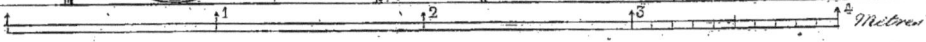

fig 2

fig 1

Mètres

4 3 5

5

7

6

1 2 3 4

planche 30   Voiture a bras de Messagerie

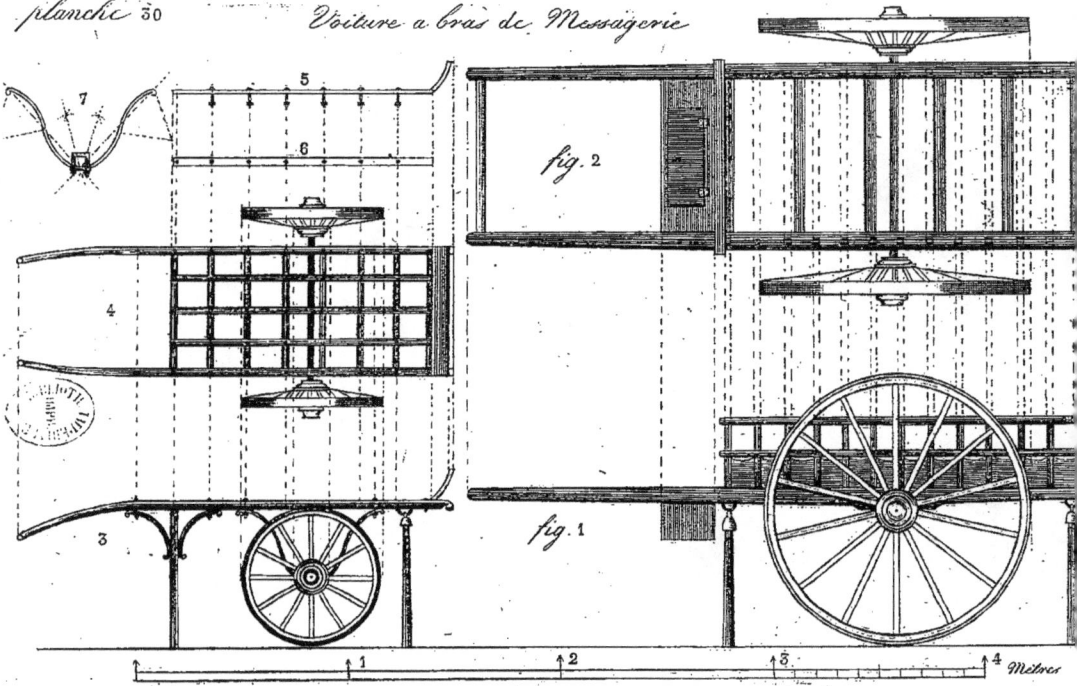

fig. 2

fig. 1

1   2   3   4 Mètres

planche 31

Diable de maçon

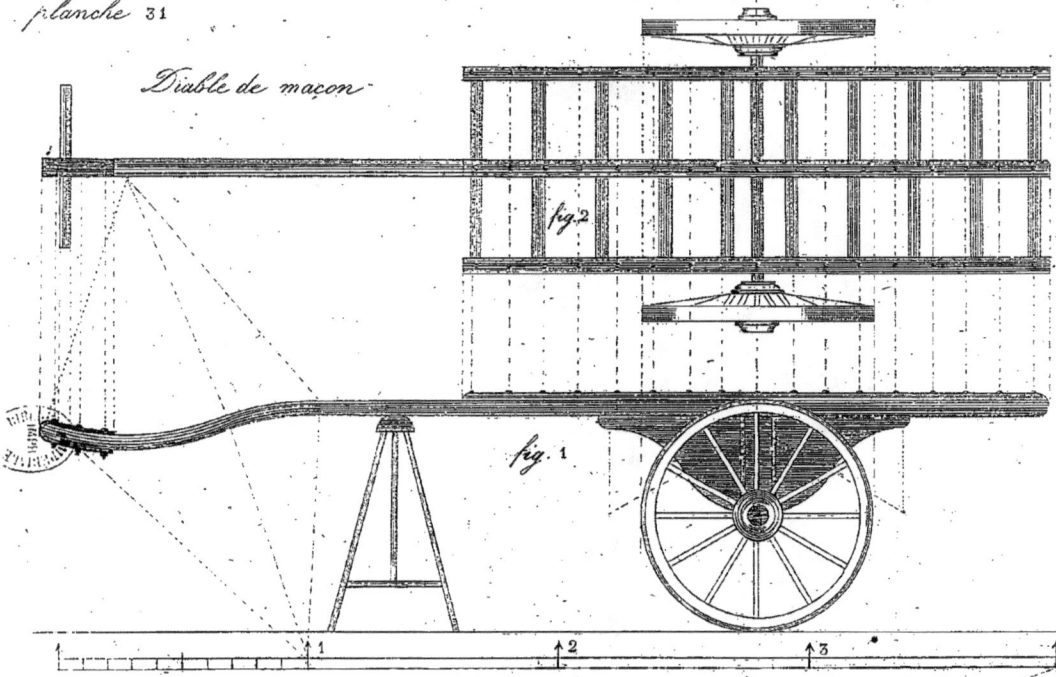

fig.2

fig.1

1   2   3

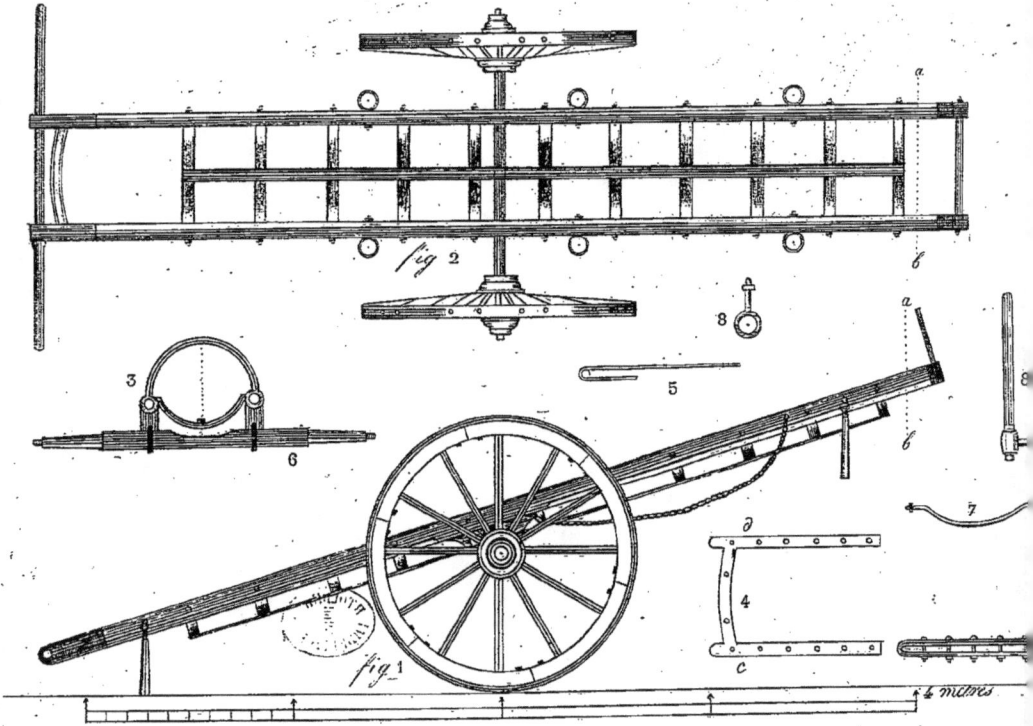

fig 2

fig. 1

3

6

8

5

7

4

4 mètres

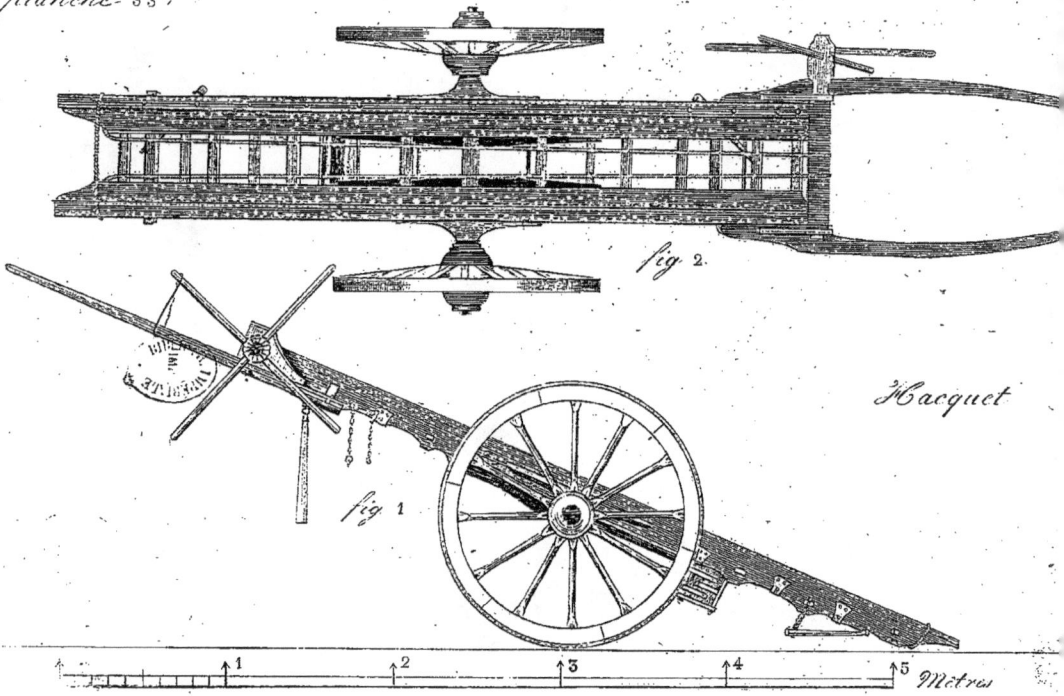

planche·33·

fig. 2

Hacquet

fig. 1

↑1   ↑2   ↑3   ↑4   ↑5 *Mètres*

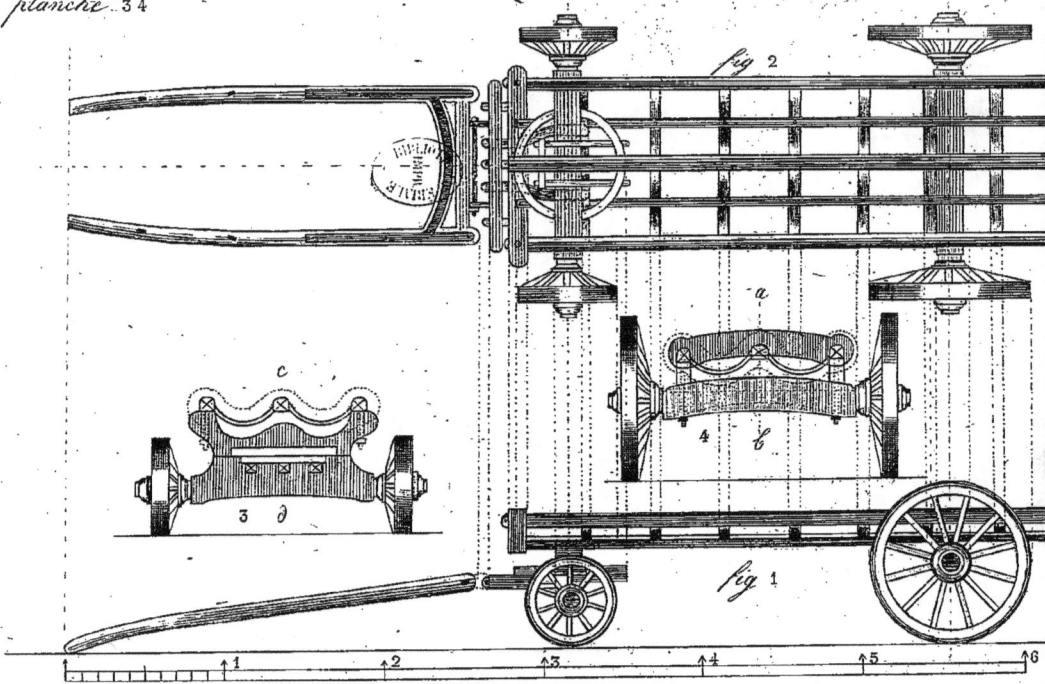

planche 34

Charriot de Brasserie

fig 2

fig 1

a

b

c

3 ∂

4

1   2   3   4   5   6

Charrette de Boucher

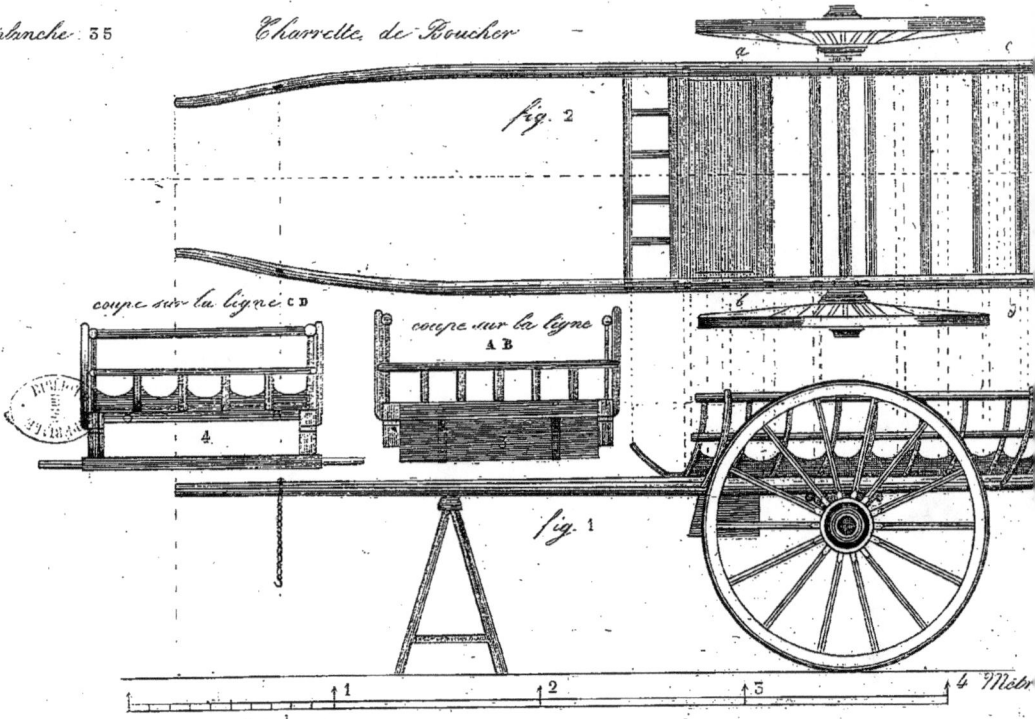

fig. 2

coupe sur la ligne C D

coupe sur la ligne A B

4

fig. 1

1 2 3 4 Mètre

Grande voiture de Moulin

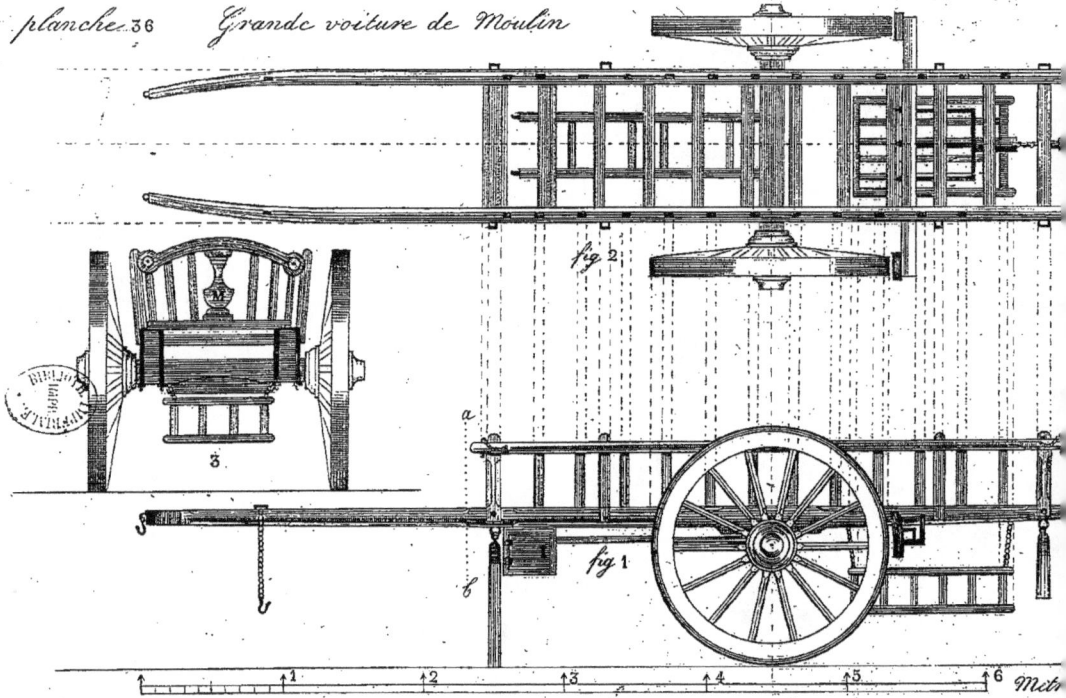

fig 2.

fig 1

3

a

b

1   2   3   4   5   6 Mèt.

b

c

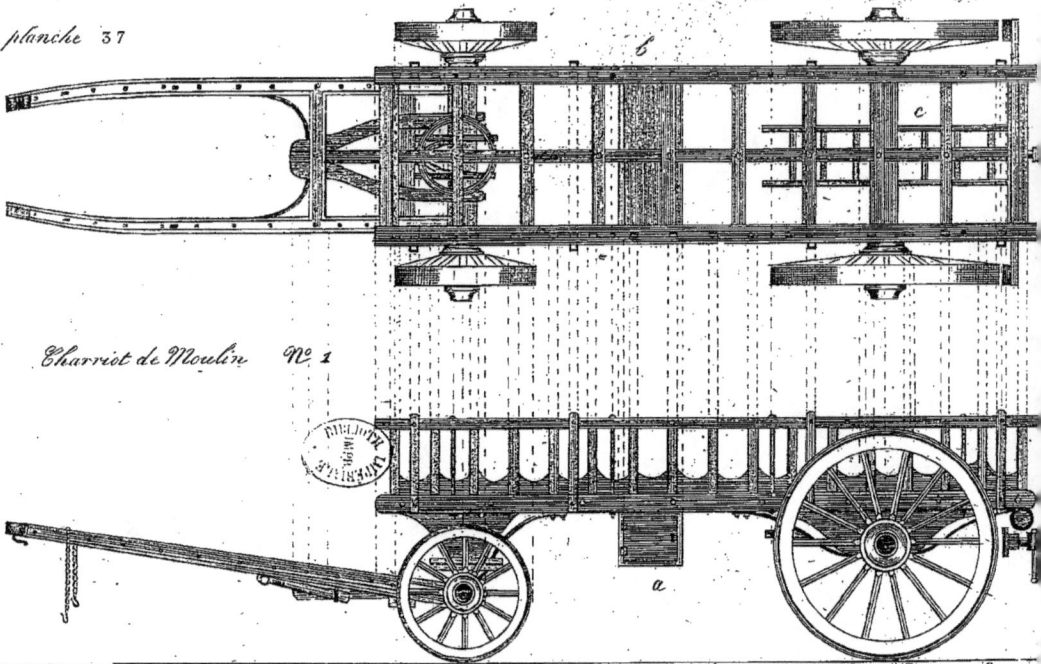

Charriot de Moulin   N.º 1

a

1   2   3   4   5   6   Mét

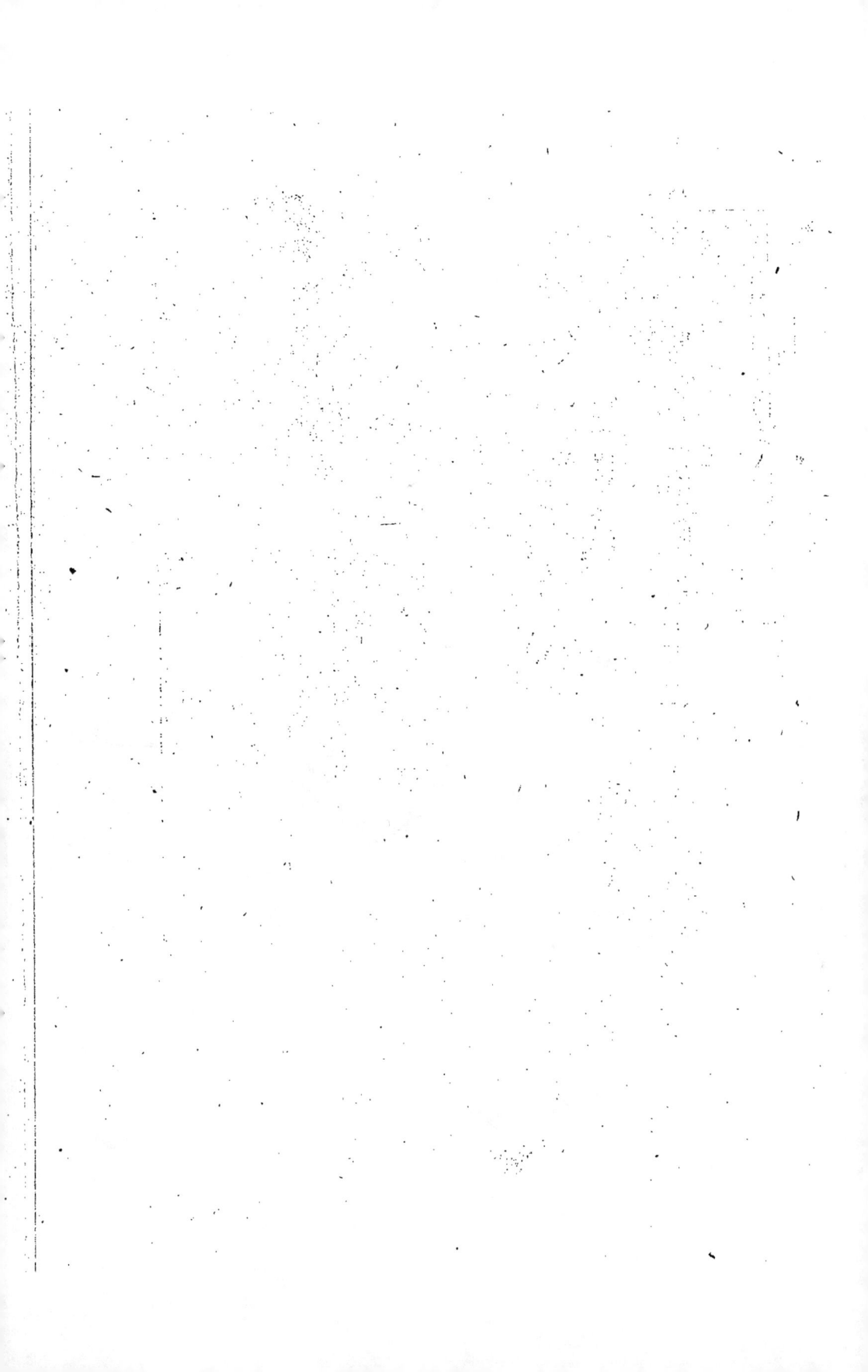

Details du Charriot
de Moulin N.º 1

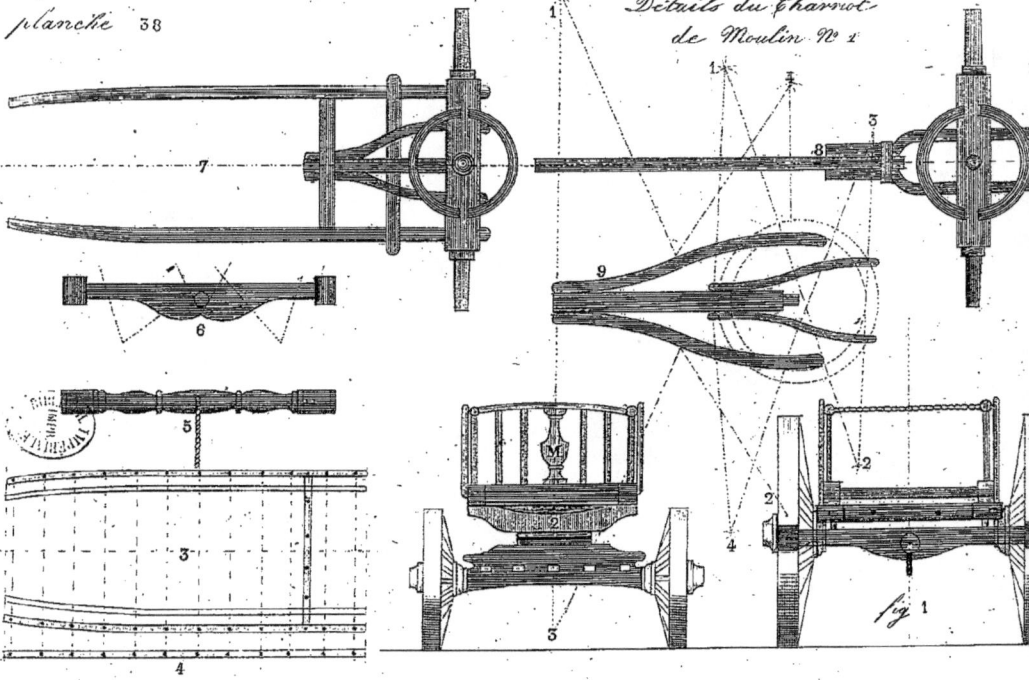

7

6

5

3

4

9

1

1

3

8

2

2

4

2

3

M

2

3

fig 1

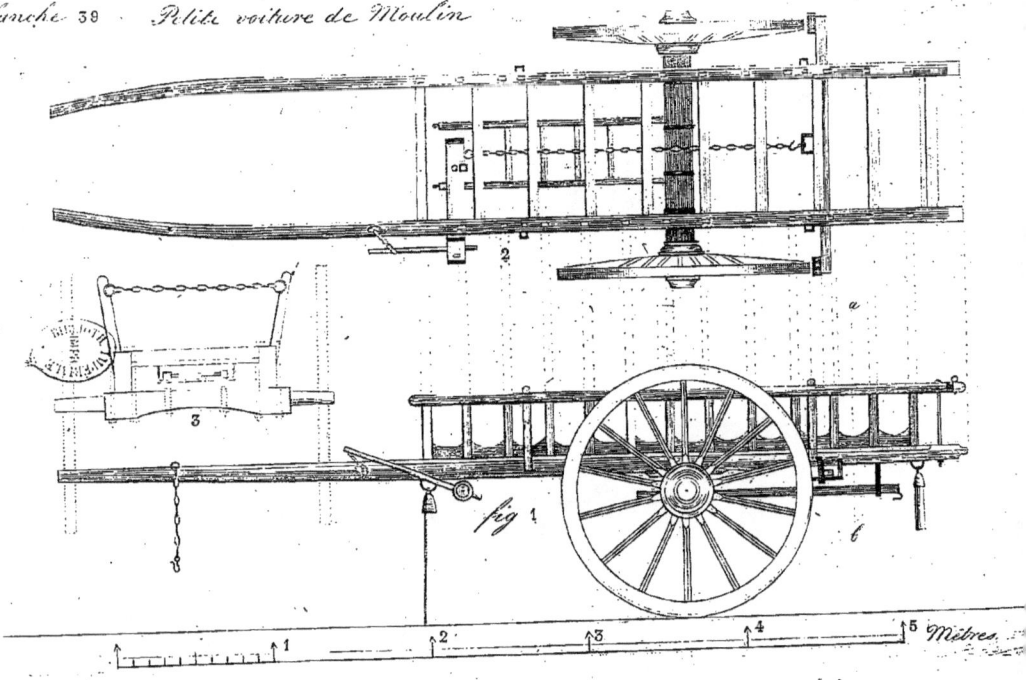

planche 39   Petite voiture de Moulin

fig 1

1   2   3   4   5 Mètres.

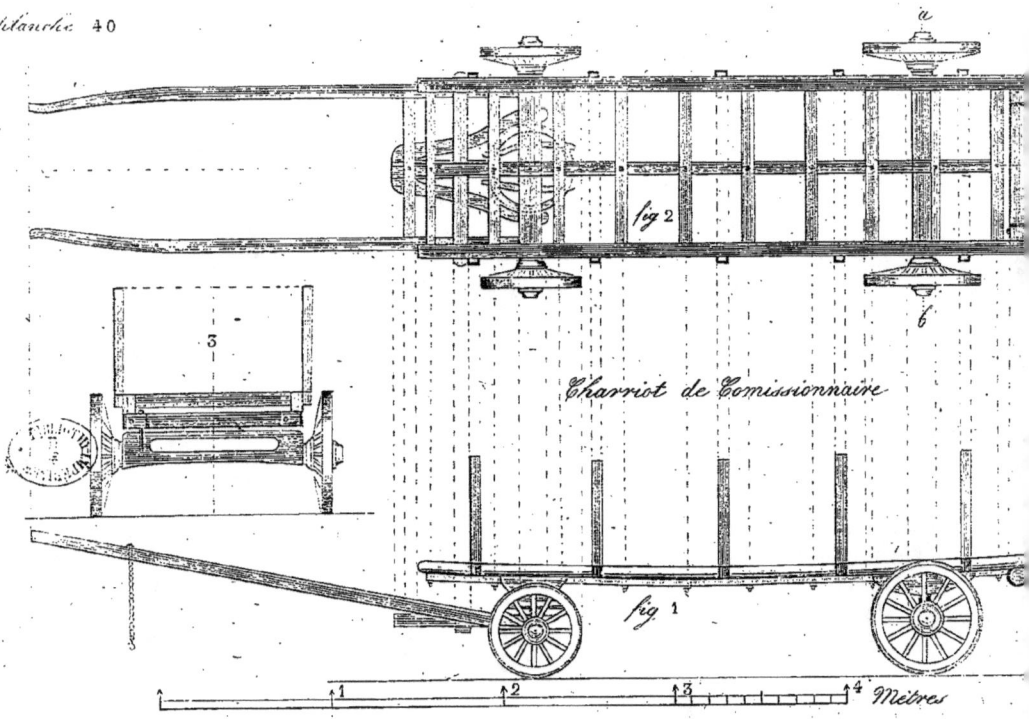

a

b

fig 2

Charriot de Comissionnaire

3

fig 1

1   2   3   4   Mètres

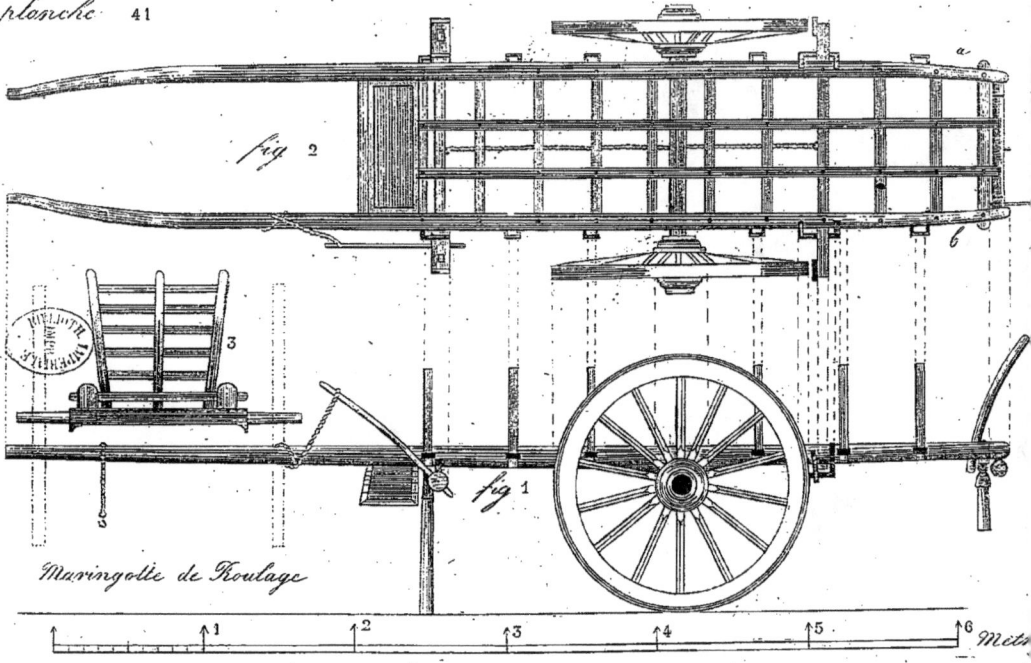

planche 41

fig. 2

fig. 1

Maringotte de Roulage

a

b

1 2 3 4 5 6 Mètr

Charriot de Comté

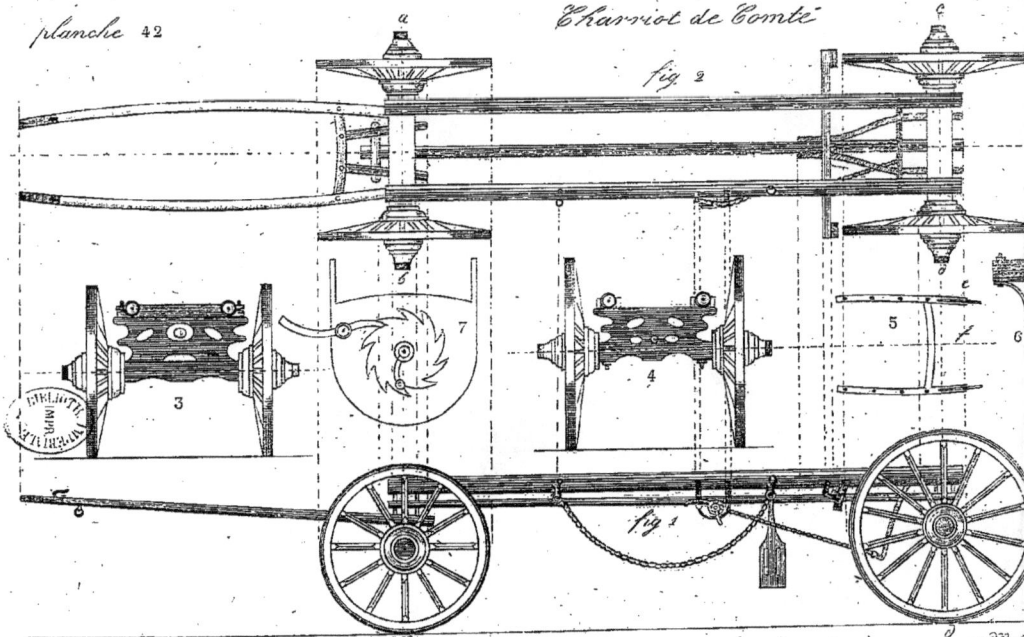

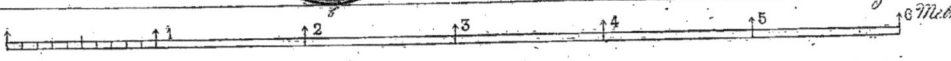

fig. 2

3

4

7

5

6

fig. 1

1   2   3   4   5   6 Mèt.

Charriot à Timon

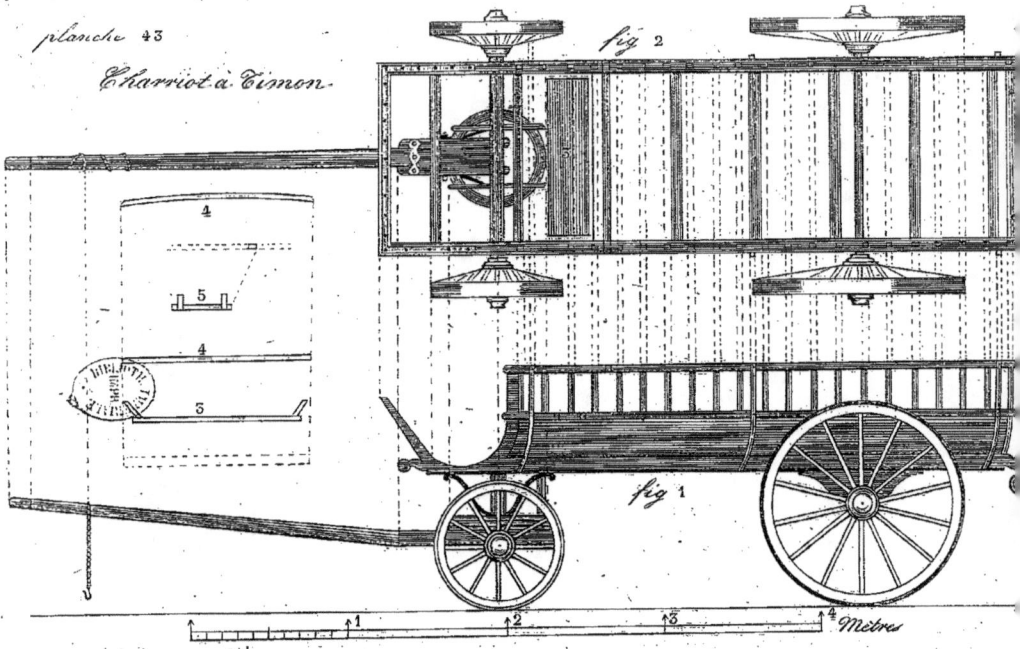

fig 2

fig 1

4

5

4

5

1   2   3   4   Mètres

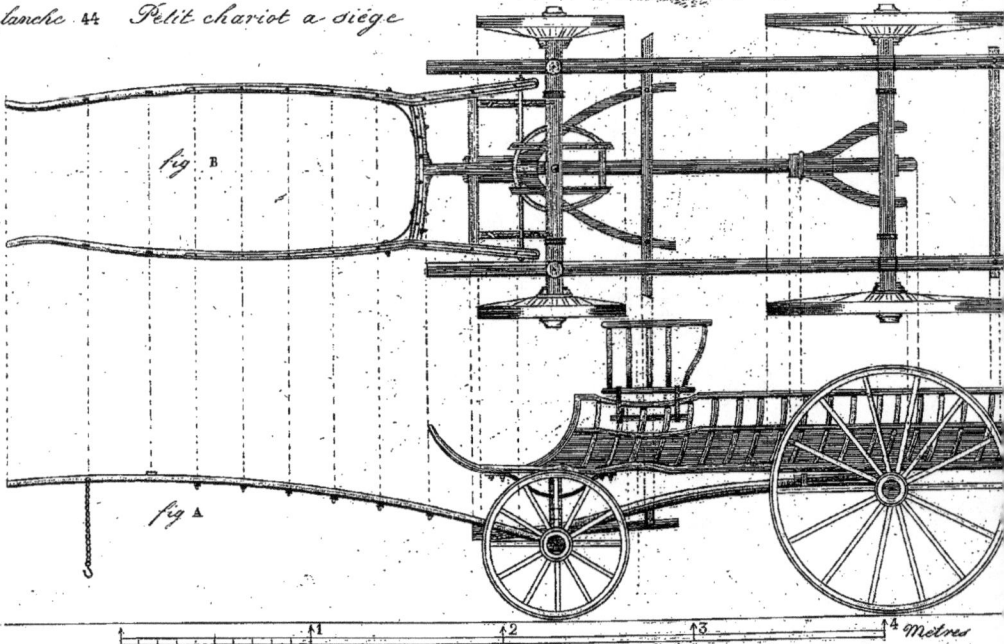

planche 44   Petit chariot a siège

fig B

fig A

↑1   ↑2   ↑3   ↑4 Mètres

planche : 45

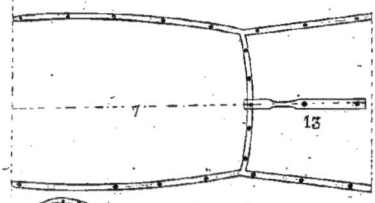

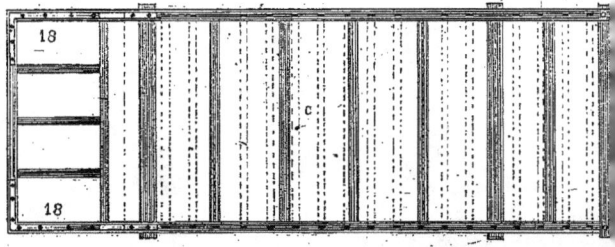

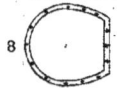

Détails du petit Charriot à siège

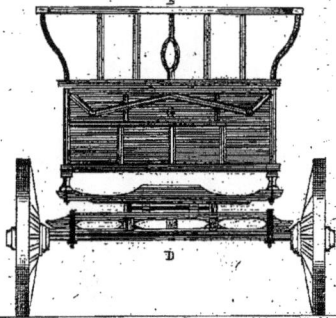

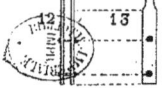

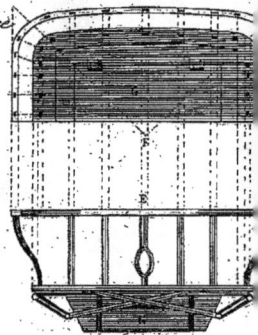

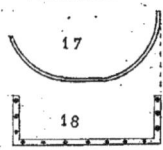

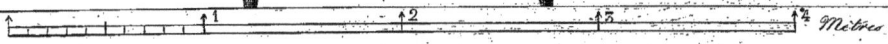

Mètres

Charriot № 2

fig.2

fig. 1

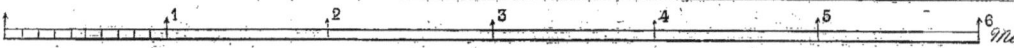

1   2   3   4   5   6

planche. 47   Charriot Nº 3

4 Metres

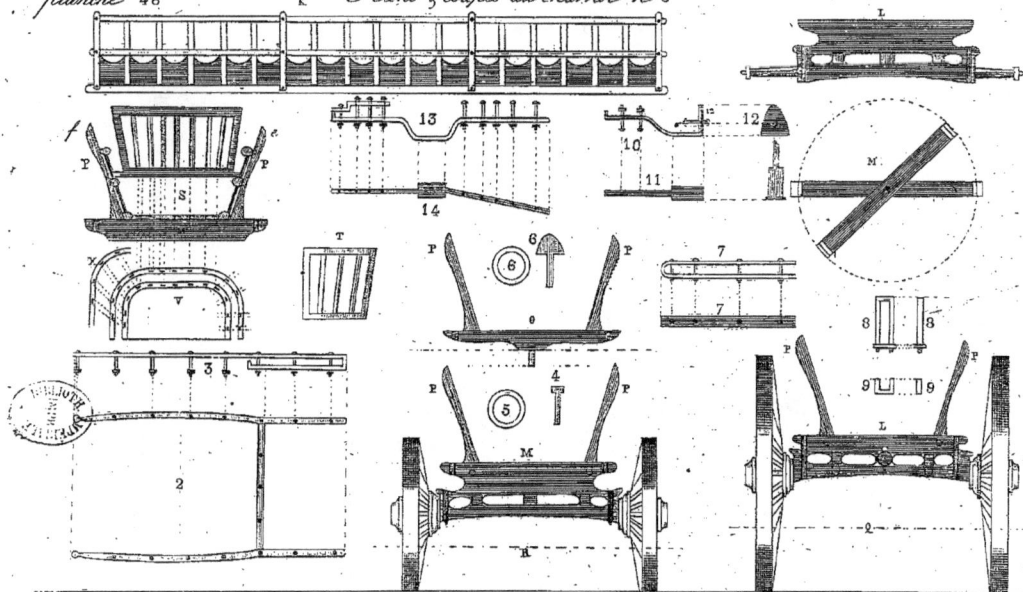

planche 48   Plans y coupes du charriot N.º 3

4 Mètres

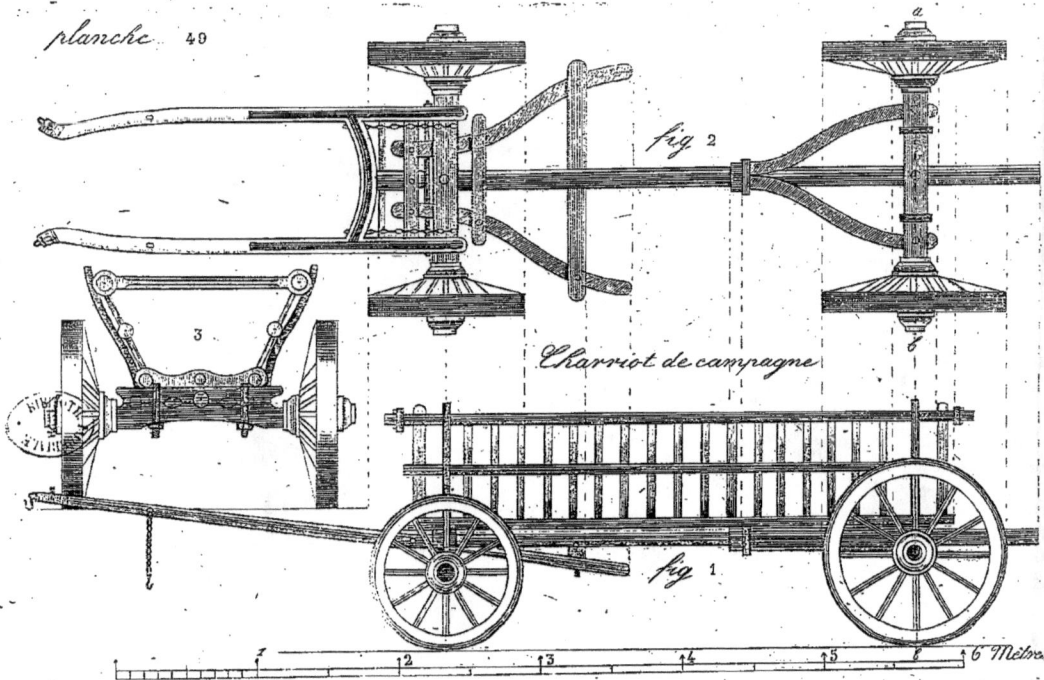

planche 40

fig 2

Charriot de campagne

3

fig 1

1   2   3   4   5   6 Mètre

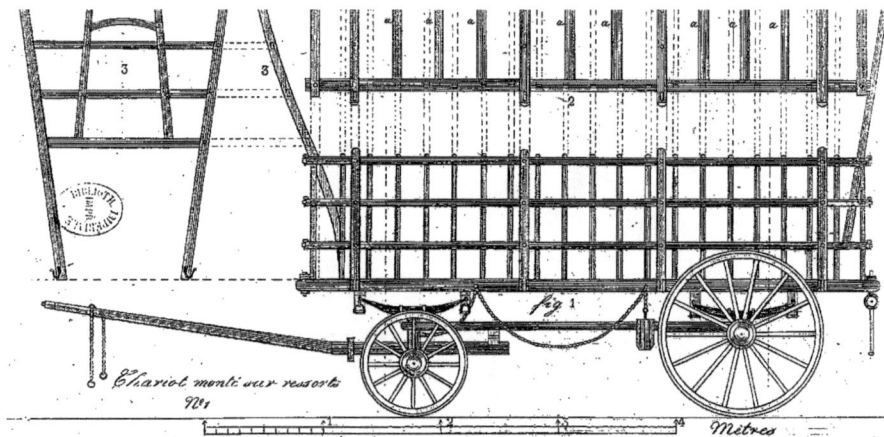

Chariot monté sur ressorts
N° 1

Fig. 1

Mètres

Plan lateral du chariot à ressorts

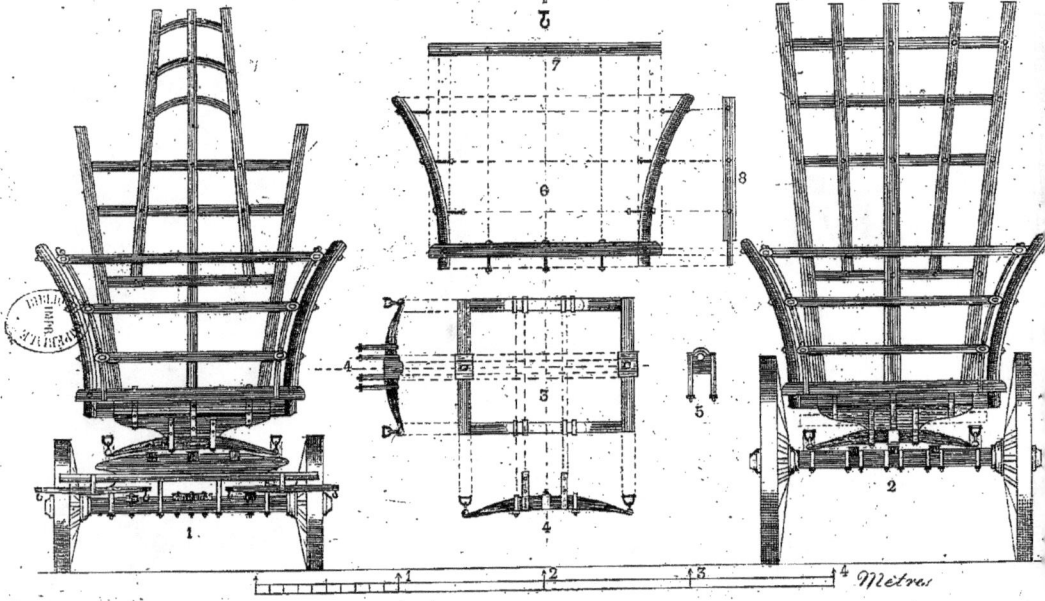

9

2

7

6

8

1

3

5

4

2

Mètres

1 2 3 4

Plan du train & de ses détails du Charriot à ressorts

planche 53

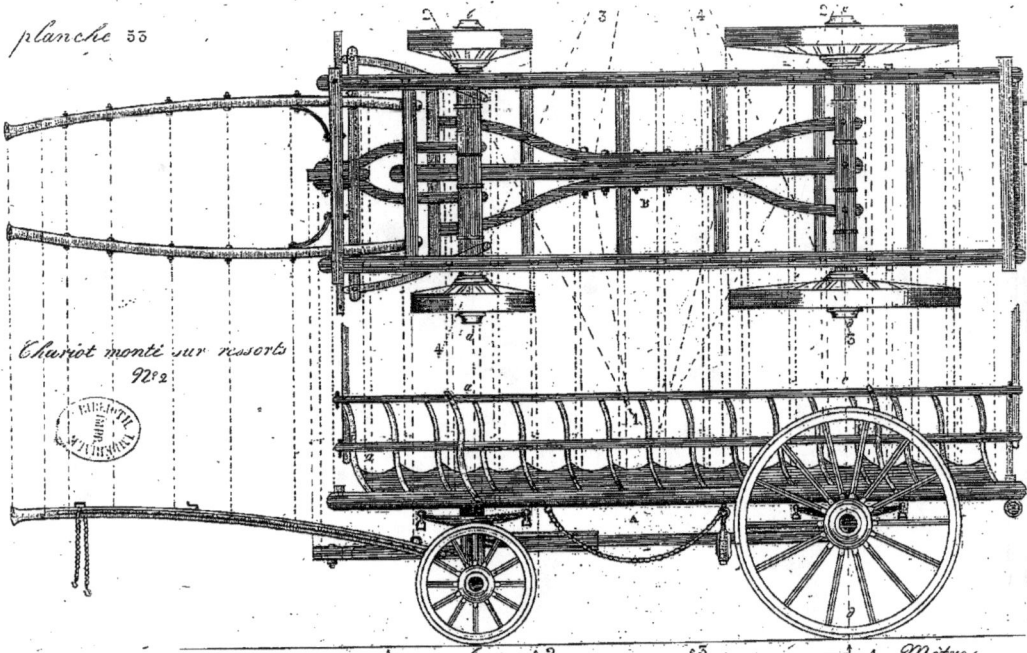

Chariot monté sur ressorts
N°2

0   1   2   3   4   Mètres

planche 54

fig 5

fig 6

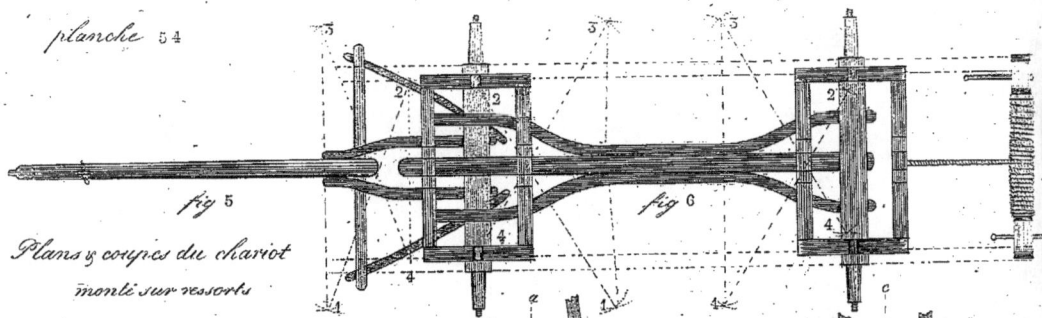

Plans & coupes du chariot
monté sur ressorts

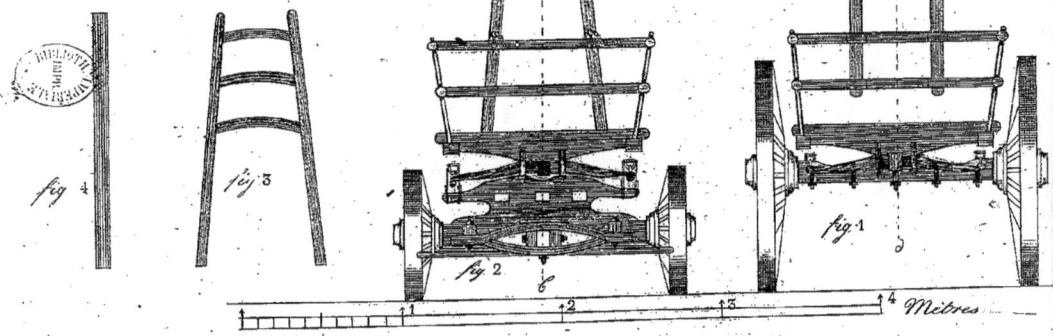

fig 4

fig 3

fig 2

fig 1

Mètres

Carriole N° 1

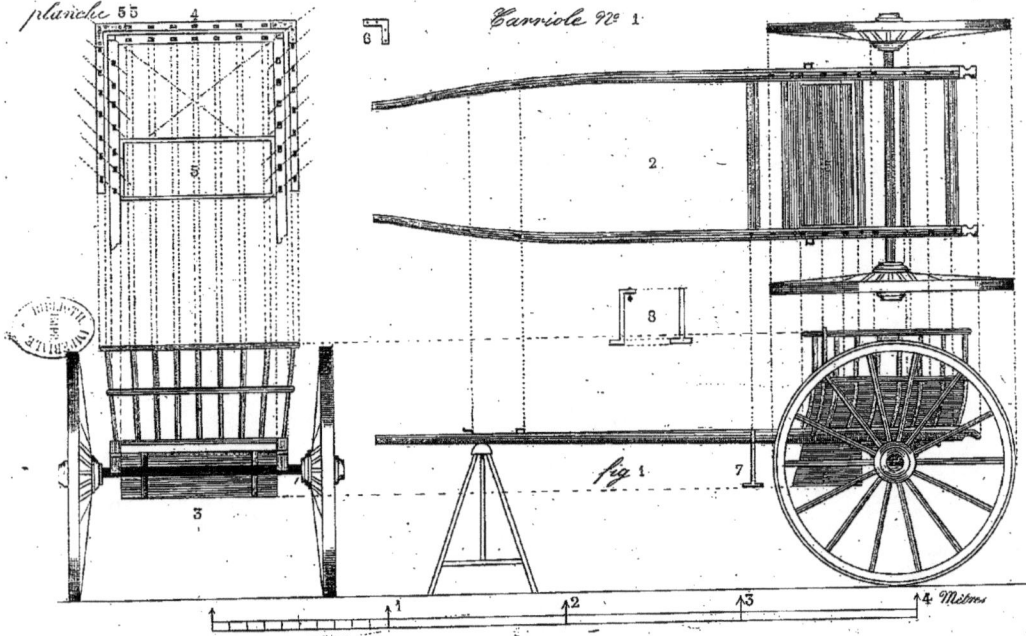

6

4

5

2

8

fig 1

7

3

1

1   2   3   4 Mètres

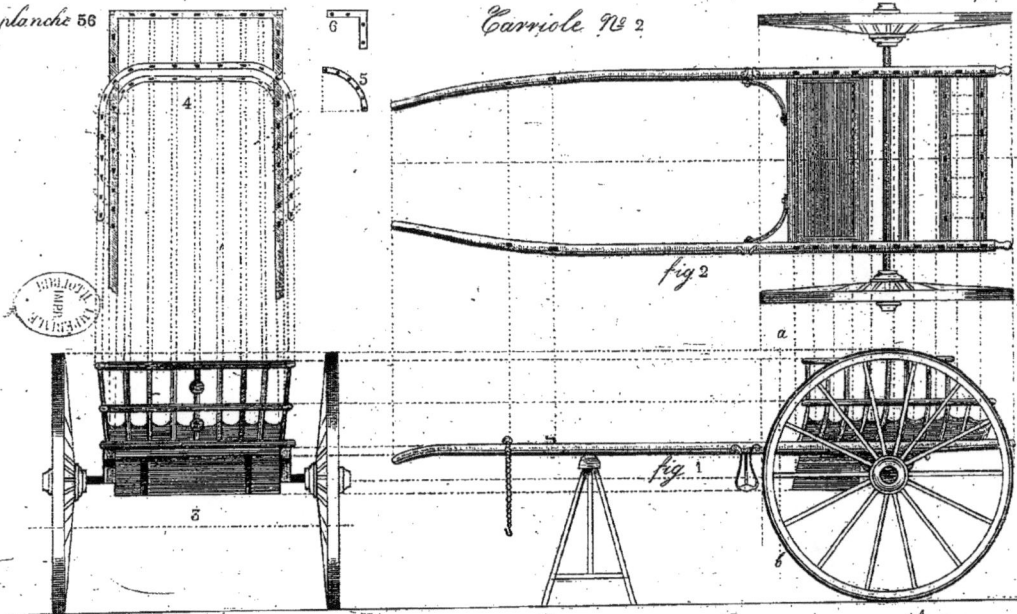

planche 56

Carriole № 2

fig 2

fig 1

Métres

Carriole N° 3

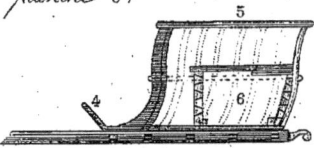

5

4

6

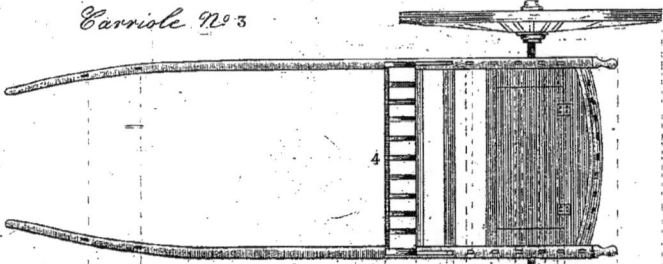

4

fig 2

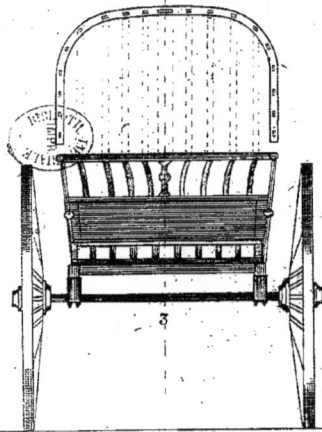

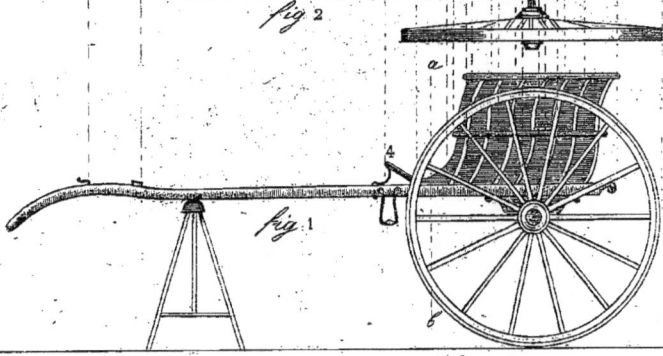

a

4

3

fig 1

6

1 2 3 4 Mètres

Carriole a six places Nº 4

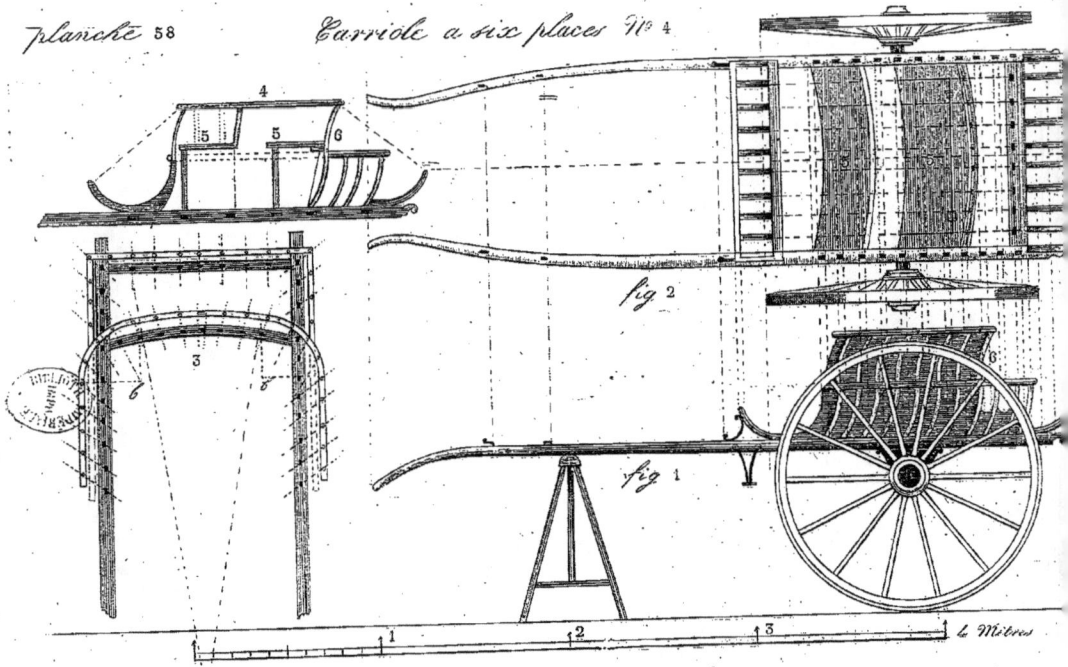

4

5 5 6

fig 2

3

6 8

fig 1

3

1 2 3

le Mitres

Carriole N° 5

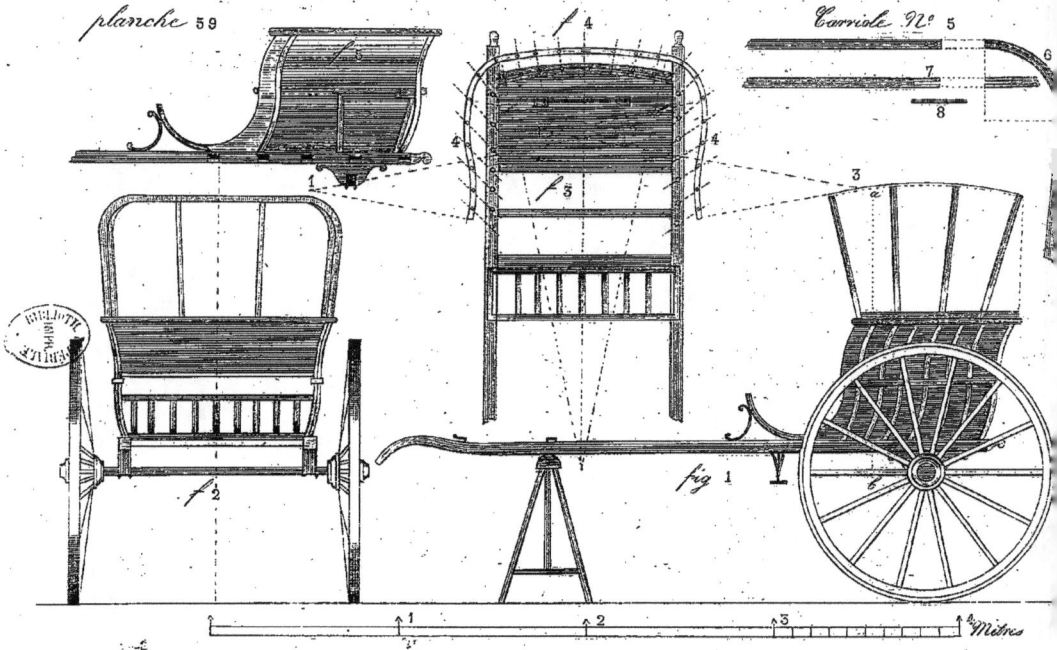

fig 1

Mètres

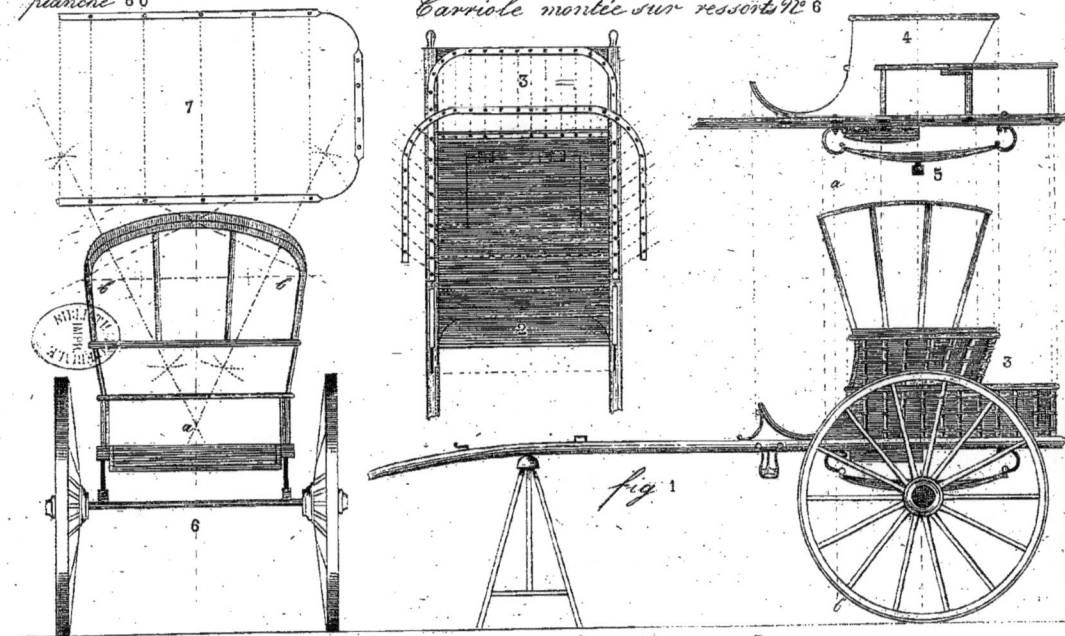

planche 60

Carriole montée sur ressorts Nᵒ 6

7

3.

4

5

a

3

2

fig 1

6

1   2   3   6 Mètres

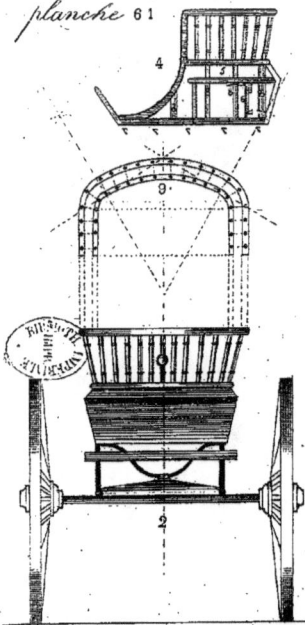

Cabriolet à deux places

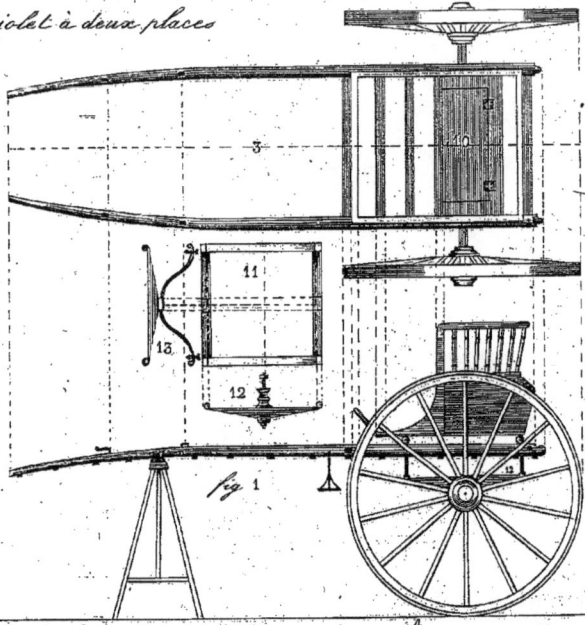

4

5

9

3

10

11

13

12

fig 1

2

1   2   3   4   Mètres

planche 62 Cabriolet D'enfant

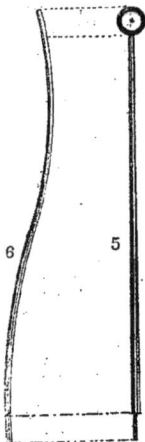

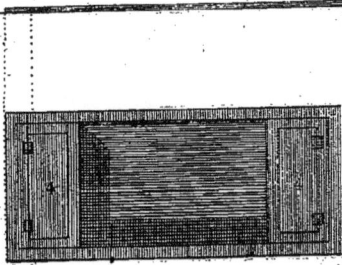

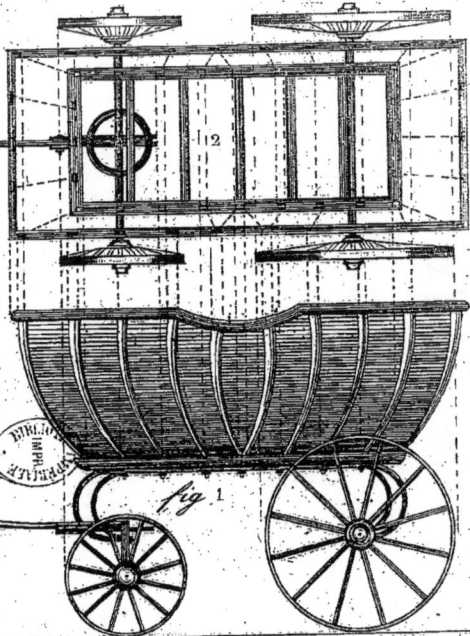

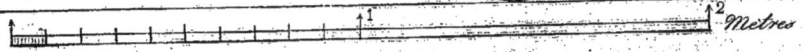

fig. 1

Mètres

4

4

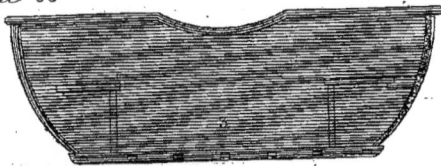

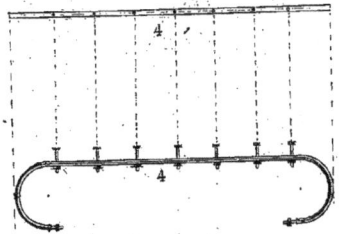

Détails du cabriolet d'enfant

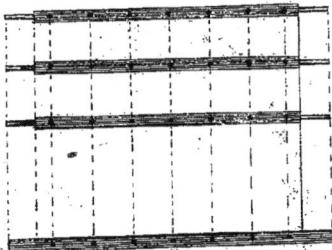

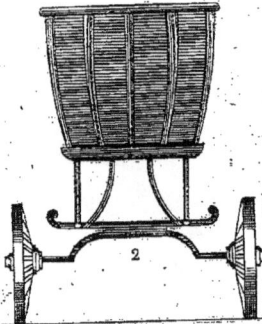

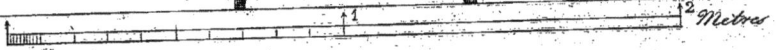

2

1

1   2 Mètres

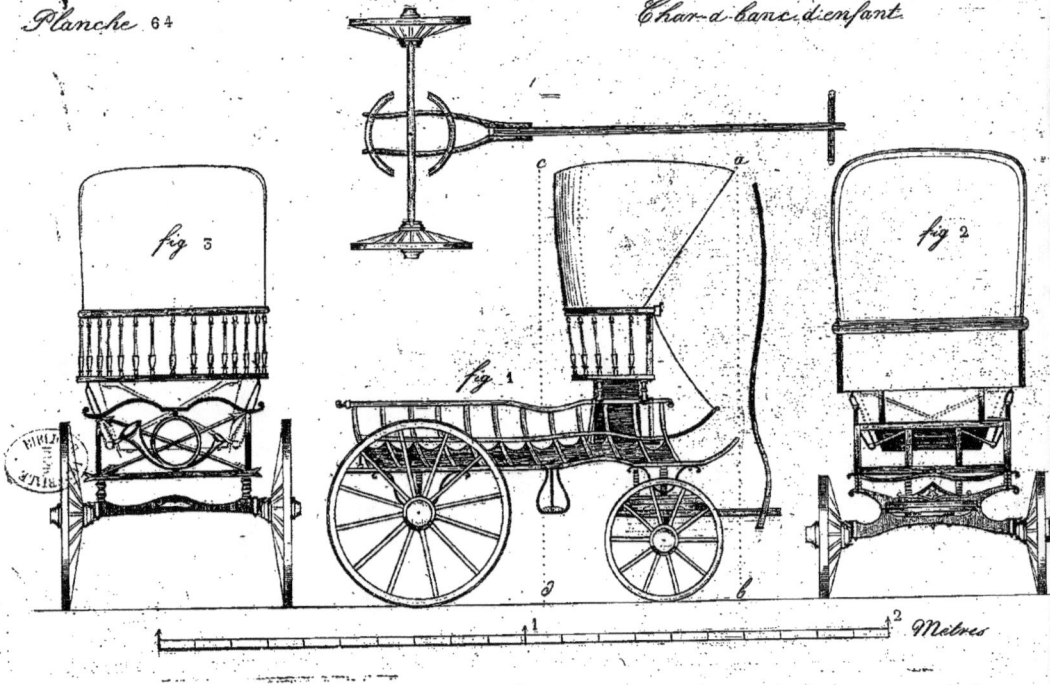

Planche 64

Char-à-banc d'enfant

fig 3

fig 1

fig 2

Mètres

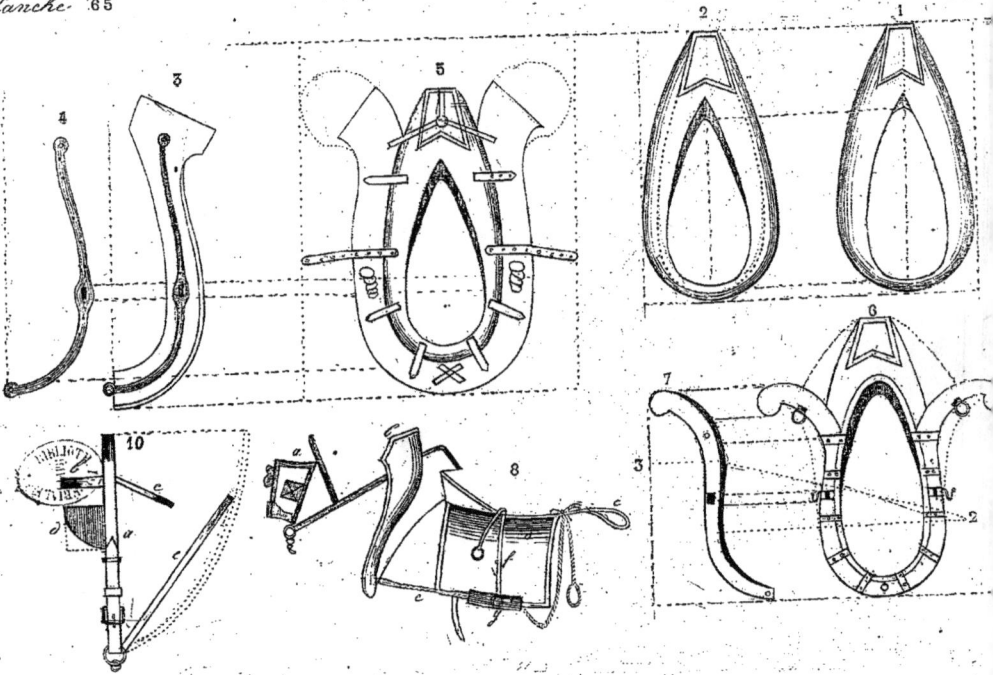

planche 66

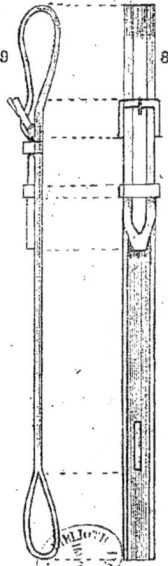

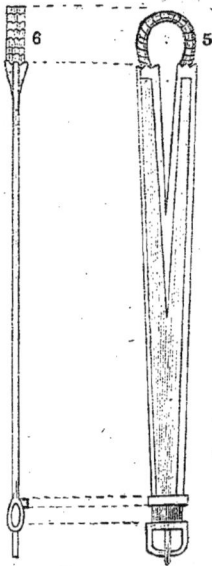
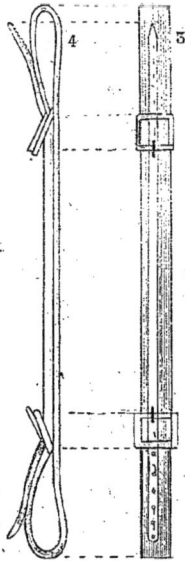
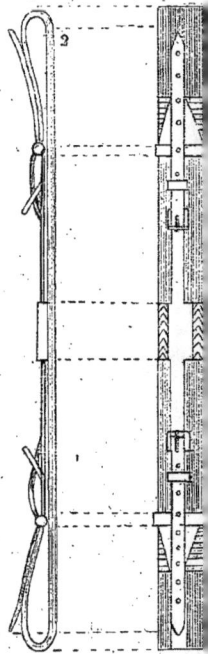

9 8 7 6 5 4 3 2

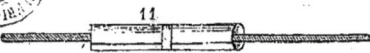

11   12

10

4

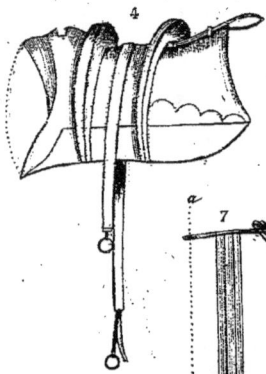

a

7

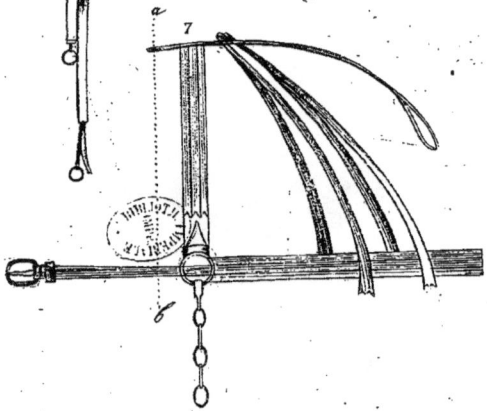

b

3

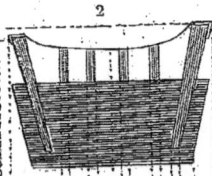

2

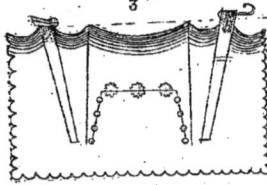

6

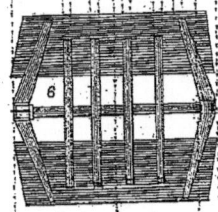

9

11

10

1

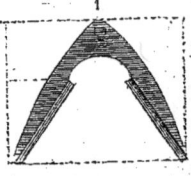

5

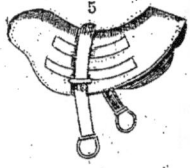

8

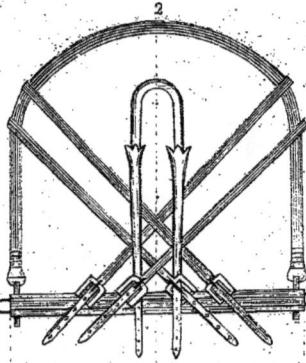

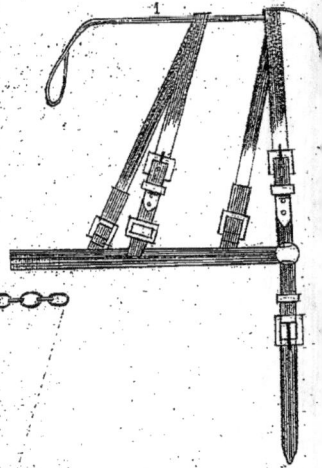

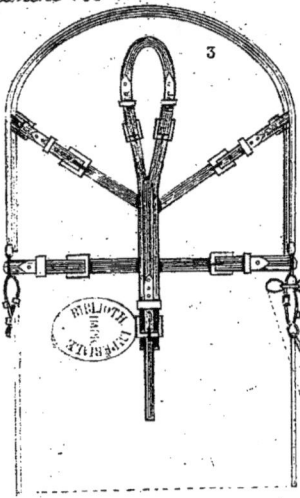

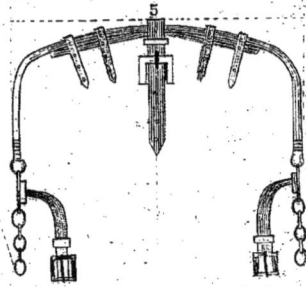

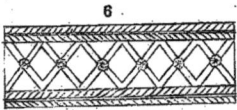

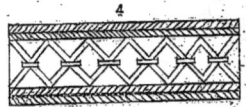

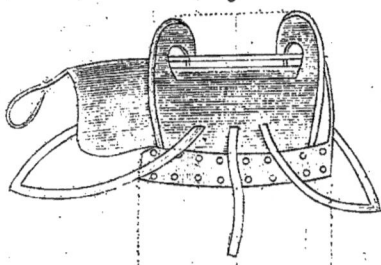

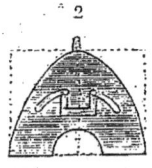

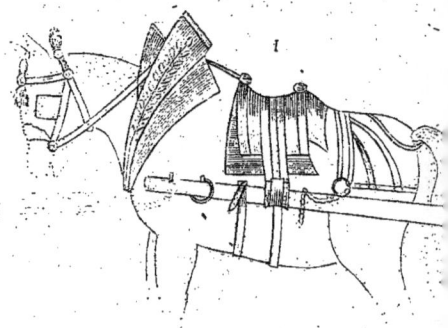

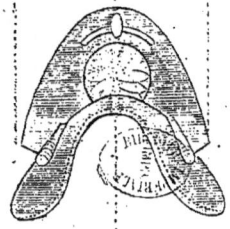

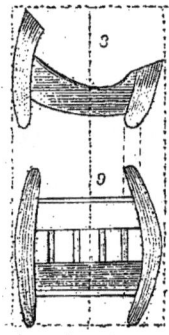

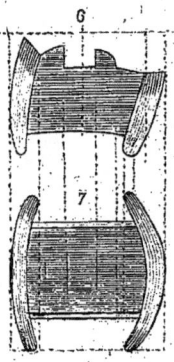

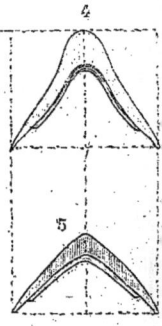

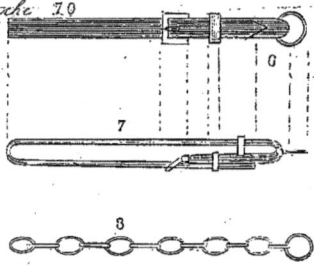

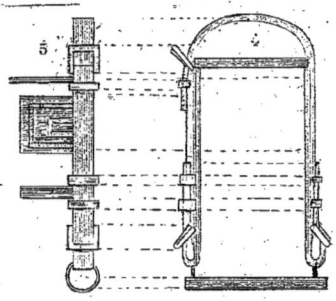

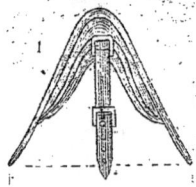

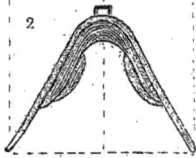

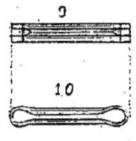

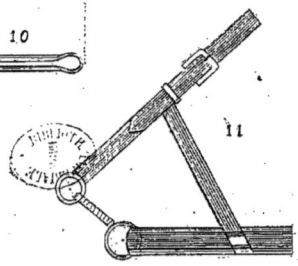

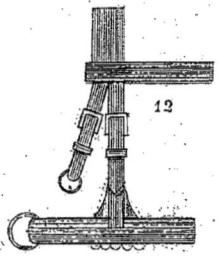

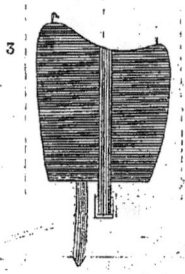

www.ingramcontent.com/pod-product-compliance
Lightning Source LLC
Chambersburg PA
CBHW072356200326
41519CB00015B/3776